高等学校"十三五"规划教材

综合化学实验

黄　薇　主编

王　峰　李爱华　副主编

化学工业出版社

·北京·

《综合化学实验》为适应地方本科院校应用型人才培养转型发展而编写，内容涵盖无机化学、分析化学、有机化学、物理化学、应用化学等专业知识和前沿领域。全书分为实验部分、常用仪器的使用操作方法以及常用的化学数据表三部分，共包括 36 个实验，其中基础性综合实验 10 个，应用性综合实验分析方向 10 个、应用性综合实验合成方向 8 个，研究性综合实验 8 个。

　　《综合化学实验》可供高等院校化学类和近化学类专业（材料、生物、化工、药学等）本科生使用，也可供相关专业的师生及科研人员参考。

图书在版编目（CIP）数据

综合化学实验/黄薇主编. —北京：化学工业出版社，2018.8

高等学校"十三五"规划教材

ISBN 978-7-122-32543-3

Ⅰ.①综…　Ⅱ.①黄…　Ⅲ.①化学实验-高等学校-教材　Ⅳ.①O6-3

中国版本图书馆 CIP 数据核字（2018）第 145313 号

| 责任编辑：宋林青 | 文字编辑：刘志茹 |
| 责任校对：王素芹 | 装帧设计：关　飞 |

出版发行：化学工业出版社（北京市东城区青年湖南街 13 号　邮政编码 100011）
印　　刷：三河市航远印刷有限公司
装　　订：三河市骏发装订厂
787mm×1092mm　1/16　印张 9½　字数 230 千字　2018 年 9 月北京第 1 版第 1 次印刷

购书咨询：010-64518888（传真：010-64519686）　售后服务：010-64518899
网　　址：http://www.cip.com.cn
凡购买本书，如有缺损质量问题，本社销售中心负责调换。

定　　价：25.00 元

前　言

　　本教材是在地方本科院校转型发展的大背景下，为培养适应社会经济发展需要的创新性应用型人才，与地方企业合作编写的。

　　根据学校条件，结合地方特色，本教材将实验项目划分为基础性综合实验、应用性综合实验分析方向、应用性综合实验合成方向及研究性综合实验四部分，对学生进行研究方法和思维训练，同时兼顾应用性专业的教育特点，通过研究性综合实验，直接将学生引导进入化学研究前沿，注重提高学生分析问题、解决问题的能力，培养学生的创新意识、科研能力和团队精神。

　　本书的主要特点如下。

　　1. 实验选题主要涉及学生已经学过的无机化学、分析化学、有机化学、物理化学、仪器分析的基础知识及重要的实验研究方法、技术的综合运用。

　　2. 充分利用现有教学科研仪器设备资源，尽可能多地让学生接触和学会现代化学研究的方法和技术。

　　3. 适当追踪化学研究前沿，反映科研成果，增加化学交叉领域的实验项目。

　　4. 贯彻绿色化学理念，提高学生的环保意识。在实验项目的设计上，尽可能使用无害、无毒或低毒试剂。

　　"综合化学实验"是化学院相关教师在总结多年化学实验教学经验的基础上，本着提高学生综合实验能力的宗旨于 2014 年开设的一门独立的新课程。历经 4 年的教学实践，内容不断更新和修订，教学方法不断改革，教学模式不断完善，成为深受学生欢迎的一门实验课程。参加本教材编写的部分实验方案来自教师的科研成果，是全体任课教师多年教学改革实践的结晶。同时在教材的编写过程中得到了地方企业专家的大力支持和协助。参加编写的地方企业专家有：汤爱华（山东益源环保科技有限公司）、黄现统（枣庄市环保局环境监测站）、史永强（山东益康药业股份有限公司）等。在此一并向他们表示诚挚的感谢！

　　本书的出版得到了"山东省普通本科高校应用型人才培养专业发展支持计划"项目的经费支持，特予感谢！

　　由于我们的经验和水平所限，书中难免存在不足之处，敬请广大师生及读者批评指正。

编　者

2018 年 5 月

目 录

第四部分　研究性综合实验 　　　　　　　　　　　　　　　　　　　93

第五部分　常用仪器使用指南 　　　　　　　　　　　　　　　　　116

附录 　　　　　　　　　　　　　　　　　　　　　　　　　　　　136

参考文献 　　　　　　　　　　　　　　　　　　　　　　　　　143

第一部分

基础性综合实验

实验 1　四氧化三铅组成的测定

一、实验目的

1. 掌握 Pb_3O_4 的组成的测定原理和方法。
2. 掌握复杂体系分析和处理的方法和技术。

二、实验原理

Pb_3O_4 为红色粉末状固体，俗称铅丹或红丹。该物质为混合价态氧化物，其化学式可写成 Pb_2PbO_4，即式中氧化数为 $+2$ 的 Pb 占 $2/3$，而氧化数为 $+4$ 的 Pb 占 $1/3$。但根据其结构，Pb_3O_4 应为铅酸铅 Pb_2PbO_4 或者 $2PbO \cdot PbO_2$。

Pb_3O_4 与 HNO_3 反应时，由于 PbO_2 的生成，固体的颜色很快从红色变为棕黑色：

$$Pb_3O_4 + 4HNO_3 \Longrightarrow PbO_2 + 2Pb(NO_3)_2 + 2H_2O$$

很多金属离子均能与多齿配体乙二胺四乙酸（EDTA，Y^{4-}）以 $1:1$ 的比例生成稳定的螯合物，以 $+2$ 价金属离子 M^{2+} 为例，其反应如下：

$$M^{2+} + Y^{4-} \Longrightarrow [MY]^{2-}$$

因此，只要控制溶液的 pH 值，选用适当的指示剂，就可用 EDTA 标准溶液对溶液中的特定金属离子进行定量测定。本实验中 Pb_3O_4 经 HNO_3 作用分解后生成的 Pb^{2+}，可用六亚甲基四胺控制溶液的 pH 值为 $5 \sim 6$，以二甲酚橙为指示剂，用 EDTA 标准溶液进行测定。

PbO_2 是一种很强的氧化剂，在酸性溶液中，它能定量地氧化溶液中的 I^-：

$$PbO_2 + 4I^- + 4HAc \Longrightarrow PbI_2 + I_2 + 2H_2O + 4Ac^-$$

从而可用碘量法来测定所生成的 PbO_2。

三、仪器与试剂

1. 仪器

电子分析天平，台秤，离心机，气流烘干器，称量瓶，量筒（10mL、100mL），烧杯

（50mL），锥形瓶（250mL），碘量瓶（250mL），酸式滴定管（50mL），碱式滴定管（50mL），洗瓶，离心试管，pH试纸，表面皿，毛细玻璃棒，毛细滴管，称量纸，吸水纸。

2. 试剂

四氧化三铅（A. R.），碘化钾（A. R.），EDTA（A. R.），$Na_2S_2O_3$（A. R.），$K_2Cr_2O_7$（A. R.），$ZnSO_4 \cdot 7H_2O$（G. R.），NaAc-HAc（1∶1）混合液，氨水（1∶1），六亚甲基四胺（20%），淀粉（2%），HCl（6mol·L^{-1}），HNO_3（6mol·L^{-1}），二甲酚橙（0.2%）。

四、实验步骤

1. 0.05mol·L^{-1} EDTA 标准溶液的配制和标定

（1）配制 0.05mol·L^{-1} EDTA 溶液

用台秤称取 5.0g 乙二胺四乙酸二钠盐（$Na_2H_2Y \cdot 2H_2O$）于 200mL 温热水中，溶解，稀释至 250mL，摇匀。长期放置时，应贮存于聚乙烯瓶中。

（2）配制 0.05mol·L^{-1} Zn^{2+} 标准溶液

准确称取 $ZnSO_4 \cdot 7H_2O$ 3.0～3.5g 于 250mL 烧杯中，加入 100mL 水溶解后，定量转移至 250mL 容量瓶中，用水稀释至刻度，摇匀，计算其标准溶液的准确浓度。

（3）EDTA 溶液浓度的标定

用移液管移取 25.00mL 锌标准溶液于 250mL 锥形瓶中，加入 2.5mL 1∶5HCl 及 15mL 20% 六亚甲基四胺缓冲溶液，加 1～2 滴 0.2% 二甲酚橙指示剂，用 EDTA 滴定至溶液由紫红色变为亮黄色，即为终点。记录所消耗的 EDTA 体积。平行滴定三次。计算 EDTA 的准确浓度。

2. 0.05mol·L^{-1} $Na_2S_2O_3$ 标准溶液的配制和标定

（1）0.05mol·L^{-1} $Na_2S_2O_3$ 溶液

称取 6.5g $Na_2S_2O_3 \cdot 5H_2O$，溶于 500mL 新煮沸的冷蒸馏水中，加 0.1g Na_2CO_3，保存于棕色瓶中，放置一周后进行标定。

（2）配制 $K_2Cr_2O_7$ 标准溶液

准确称取在 140～150℃ 下烘干 2h 的基准试剂 $K_2Cr_2O_7$ 约 0.7g 于烧杯中，加适量水溶解后定量移入 250mL 容量瓶中，用水稀释至刻度，摇匀。计算其准确浓度。

（3）$Na_2S_2O_3$ 溶液的标定

用移液管吸取 25mL $K_2Cr_2O_7$ 标准溶液于 250mL 锥形瓶中，加 6mL 6mol·L^{-1} HCl，加入 1g 固体 KI。摇匀后盖上表面皿，于暗处放置 5min。然后用 100mL 水稀释，用 $Na_2S_2O_3$ 溶液滴定至浅黄绿色后加入 2mL 淀粉指示剂，继续滴定至溶液蓝色消失并变为绿色即为终点。平行测定 3 次。

3. Pb_3O_4 的分解

用差量法准确称取干燥的 Pb_3O_4 0.5g 转移至离心试管中，加入 2mL 6mol·L^{-1} 的 HNO_3 溶液，用毛细玻璃棒搅拌，使之充分反应，可以看到红色的 Pb_3O_4 很快变为棕黑色的 PbO_2。然后用离心机离心分离，离心液转移至锥形瓶中，并用蒸馏水少量多次洗涤固体，洗涤液一并转入锥形瓶中，沉淀供下面实验用。

4. PbO 含量的测定

把步骤 3 中离心液和洗涤液全部转入锥形瓶中，往其中加入 6～8 滴二甲酚橙指示剂，并逐滴加入 1∶1 的氨水，至溶液由黄色变为橙色，再加入 20% 六亚甲基四胺至溶液呈稳定的紫红色（或橙红色），再过量 5mL，此时溶液的 pH 值为 5～6。然后以 EDTA 标准溶液滴定溶液由紫红色变为黄色时，即为终点。记下所消耗的 EDTA 溶液的体积。

5. PbO_2 含量的测定

将上述固体 PbO_2 置于另一个锥形瓶中，往其中加入 30mL HAc 与 NaAc 混合液，再向其中加入 0.8g 固体 KI，摇动锥形瓶，使 PbO_2 全部反应而溶解，此时溶液呈透明棕色。以 $Na_2S_2O_3$ 标准溶液滴定至溶液呈淡黄色时，加入 1mL 2% 淀粉溶液，继续滴定至溶液蓝色刚好褪去为止，记录消耗的 $Na_2S_2O_3$ 溶液的体积。

五、注意事项

1. 严格控制试剂加入量和顺序。
2. 注意滤液与固体的处理（保留还是丢弃）。
3. 把握指示剂加入时机。
4. 理解化学计量关系。

六、实验结果处理

由上述实验计算出试样中 +2 价铅与 +4 价铅的摩尔比，以及 Pb_3O_4 在试样中的质量分数。本实验要求，+2 价铅与 +4 价铅摩尔比为 2 ± 0.05，Pb_3O_4 在试样中的质量分数应大于或等于 95% 方为合格。

七、思考题

1. 能否用其他酸如 H_2SO_4 或 HCl 溶液使 Pb_3O_4 分解，为什么？
2. PbO_2 氧化 I^-，需在酸性介质中进行能否加 HNO_3 或 HCl 溶液代替 HAc？为什么？
3. 从实验结果分析产生误差的原因。
4. 自行设计另外一个实验以测定 Pb_3O_4 的组成。
5. 实验步骤 5 中往固体 PbO_2 中加入 30mL HAc 与 NaAc 混合液的作用是什么？要达到该目的，对 HAc 与 NaAc 混合溶液的浓度是否有要求？为什么？

实验 2　明矾的制备、组分含量测定及其晶体的培养

一、实验目的

1. 熟练掌握无机物的提取、提纯、制备、分析等方法的操作及方案设计。
2. 学习设计综合利用废旧物的化学方法。
3. 学习从溶液中培养晶体的原理和方法。
4. 自行设计鉴定产品的组成、纯度和产率的方法，并鉴定之。

二、实验原理

明矾 [水合硫酸铝钾，$KAl(SO_4)_2 \cdot 12H_2O$ 或 $K_2SO_4 \cdot Al_2(SO_4)_3 \cdot 24H_2O$，英文名 aluminium potassium sulfate dodecahydrate]，又称白矾、钾矾、钾铝矾、钾明矾，是含有结晶水的硫酸钾和硫酸铝的复盐，属于 α 型明矾类复盐。无色立方晶体，外表常呈八面体，或与立方体、菱形十二面体形成聚形，有时以 {111} 面附于容器壁上而形似六方板状，有玻璃光泽；密度 $1.757\text{g} \cdot \text{cm}^{-3}$，熔点 92.5℃；64.5℃时失去 9 个分子结晶水，200℃时失去 12 个分子结晶水，溶于水，不溶于乙醇。

明矾可用作净水剂、灭火剂、膨化剂，明矾性寒味酸涩，具有较强的收敛作用。中医认为，明矾具有解毒杀虫、爆湿止痒、止血止泻、清热消痰的功效，也用来治疗高脂血症、十二指肠溃疡、肺结核咯血等疾病。近年来的研究证实，明矾还具有抗菌、抗阴道滴虫等作用。明矾还可用于制备铝盐、涂料、鞣料、媒染剂、造纸、防水剂等。

铝对人体有害，其毒副作用主要表现为：明矾可以杀死脑细胞，使人提前出现脑萎缩、痴呆等症状，影响人们的智力，对生命影响不大。一些营养专家提出，要尽量少吃含有明矾的食品，而且长期饮用明矾净化的水，可能会引起老年性痴呆症。因此现在已不主张用明矾作为净水剂了。2003 年世界卫生组织曾将明矾列为有害食品添加剂。

1. 明矾的合成

盛装饮料的易拉罐有些是铝质的，铝罐是不易被分解的废弃物之一，平均寿命约达一百年。一般回收铝罐时多是经加热熔融后再制成其他铝制品重复利用。在本实验中，则是将废弃的铝制易拉罐经一系列的化学反应制成具净水功能的明矾，借此了解铝的化学性质。

铝是活泼的金属，其表面与空气中的氧反应生成致密的氧化铝保护膜，因此在空气中稳定。其与稀酸反应很慢，碱性溶液可溶解此氧化层，进一步再与铝反应形成 $[Al(OH)_4]^-$ 而溶解于碱液中：

$$2Al(s) + 2KOH(aq) + 6H_2O(l) \longrightarrow 2K^+(aq) + 2[Al(OH)_4]^-(aq) + 3H_2(g) \quad (2\text{-}1)$$

在上述式 (2-1) 溶液中加入酸时，首先产生白色柔毛状 $Al(OH)_3$ 沉淀：

$$[Al(OH)_4]^-(aq) + H^+(aq) \longrightarrow Al(OH)_3(s) + H_2O(l) \quad\quad\quad (2\text{-}2)$$

继续加酸，则 $Al(OH)_3(s)$ 变成 Al^{3+} 溶解于酸中：

$$Al(OH)_3(s) + 3H^+(aq) \longrightarrow Al^{3+}(aq) + 3H_2O(l) \qquad (2\text{-}3)$$

加热浓缩含 SO_4^{2-}、Al^{3+} 和 K^+ 的溶液，$KAl(SO_4)_2 \cdot 12H_2O$ 即可从过饱和溶液中结晶出来，在适当条件下可长成相当大的晶体。

不同温度下，明矾、硫酸铝、硫酸钾的溶解度（g/100g 水）如表 2-1 所示。

表 2-1 　不同温度下的溶解度 　　　　　　　　　　　单位：g/100g 水

温度 T/K	273	283	293	303	313	333	353	363
$KAl(SO_4)_2 \cdot 12H_2O$	3.00	3.99	5.90	8.39	11.7	24.8	71.0	109
$Al_2(SO_4)_3$	31.2	33.5	36.4	40.4	45.8	59.2	73.0	80.8
K_2SO_4	7.4	9.3	11.1	13.0	14.8	18.2	21.4	22.9

2. 明矾产品的含量测定

（1）明矾产品中 Al^{3+} 含量的测定原理

由于 Al^{3+} 容易水解，易形成多核羟基配合物，在较低酸度时，可与 EDTA 形成配合物，同时 Al^{3+} 与 EDTA 络合速率较慢，在较高酸度下煮沸则容易络合完全，故一般采用返滴定法或置换滴定法测定铝。采用置换滴定法时，先调节 pH 值为 3～4，加入过量的 EDTA 溶液煮沸，使 Al^{3+} 与 EDTA 配位；冷却后，再调节溶液的 pH 值为 5～6，以二甲酚橙为指示剂，用锌标准溶液滴定过量的 EDTA（不计体积）。然后，加入过量的 NH_4F，加热至沸，使 AlY^- 与 F^- 之间发生置换反应，并释放出与 Al^{3+} 等物质的量的 EDTA。其反应式如下：

$$[AlY]^- + 6F^- + 2H^+ \Longrightarrow [AlF]_6^{3-} + H_2Y^{2-}$$

释放出来的 EDTA 再用锌标准溶液滴定至紫红色，即为终点。

（2）明矾产品中 SO_4^{2-} 含量的测定原理

本实验采用比浊法测定明矾产品中 SO_4^{2-} 的含量。比浊法又称浊度测定法，通过测量透过悬浮质点介质的光强度来确定悬浮物质浓度的方法，是一种光散射测量技术。比浊法依据悬浮颗粒在液体中造成透射光的减弱，减弱的程度与悬浮颗粒的量相关，来定量测定物质在溶液中呈悬浮状态时的浓度。

在本实验中，硫酸根和钡离子生成硫酸钡沉淀，形成浑浊，其浑浊程度和明矾产品中硫酸根的含量成正比。

3. 重结晶分离纯化及养晶技术

（1）重结晶分离纯化

物质在溶液中的含量若比溶解度大，即形成过饱和溶液时，溶液中会沉淀析出固体。由于不同物质在相同条件下的溶解度不同，所以可利用此特性将物质分离、纯化，称为重结晶法。最常用的结晶分离技术有两种：其一是改变温度或蒸发溶剂降低溶质溶解度，使溶液过饱和而溶质晶析出来；其二是在溶液中加入另一种溶质不溶的溶剂，降低溶质在混合溶剂中的溶解度而晶析出来。

因为明矾的溶解度受温度的影响很大，所以本实验主要采用的是降温法，利用明矾在热水中的溶解度较在冷水中大的特性，使用热水为溶剂重结晶得到明矾晶体，即是冷却热饱和溶液的方法。

（2）单晶的培养

晶体有一定的几何外形，有固定的熔点，有各向异性等特点。

晶体生成的一般过程是先生成晶核，而后再逐渐长大。一般认为晶体从液相或气相中的生长有三个阶段：①介质达到过饱和、过冷却阶段；②成核阶段；③生长阶段。晶体在生长的过程中要受外界条件的影响，如涡流、温度、杂质、黏度、结晶速度等因素的影响。晶体生长的方法有多种，对于溶液而言，只需蒸发掉水分就可以；对于气体而言，需要降低温度，直到它的凝固点；对于液体，也是采取降温方式来变成固体。

（3）溶液中晶体的结晶方式

当溶液达到过饱和时会析出晶体，结晶方式有以下几种。

① 降低温度。大多数溶质的溶解度随温度的降低而减小，使溶液达到过饱和而使溶质析出，如岩浆期后的热液越远离岩浆源，则温度渐次降低，各种矿物晶体陆续析出。

② 水分（溶剂）蒸发。如天然盐湖卤水蒸发制取粗盐就是这种方式，通过蒸发减少溶剂的量，使溶液达到过饱和而析出晶体。

③ 通过化学反应，生成难溶物质（晶体）。需要说明的是，这种结晶方式对于制备单晶的大晶体而言一般不适合，因为溶液中化学反应进行较快，易生成很小的晶体，难以长成大晶体。

（4）影响晶体生长的因素

决定晶体生长形态的因素有内因和外因。影响晶体生长速度的内在因素主要有溶液的过饱和度、pH值、环境相成分、溶剂和杂质等。同一种晶体在不同的条件下生长时，晶体形态是可能有所差别的。影响晶体生长的外部因素主要有涡流、温度、杂质、黏度、结晶速度。同一种晶体在相同的生长系统中，外界因素（如压力、浓度、温度等）的变化，也会影响晶体生长的速度和晶体形状。

影响晶体生长的外部因素还有很多，如晶体析出的先后次序也影响晶体形态，先析出者有较多自由空间，晶形完整，成自形晶；较后生长的则形成半自形晶或他形晶。同一种矿物的天然晶体于不同的地质条件下形成时，在形态上、物理性质上可能显示不同的特征，这些特征标志着晶体的生长环境，称为标型特征。

（5）晶体的溶解和再生

① 晶体的溶解　把晶体置于不饱和溶液中晶体就开始溶解。由于角顶和棱与溶剂接触的机会多，所以这些地方溶解较其他部位快，因而晶体可溶成近似球状，如明矾的八面体溶解后变成近似于球形的八面体。

② 晶体的再生　破坏了的或溶解了的晶体处于适宜的环境中又可恢复多面体形态，称为晶体的再生。溶解和再生不是简单的可逆过程。晶体溶解时，溶解速度是随方向逐渐变化的，因而晶体可溶解成近于球形；晶体再生时，生长速度随方向的改变而突变，因而晶体又可以恢复成几何多面体形态。

综上所述，依据晶体生长的热力学相图及生长动力学的知识，在明矾溶液中制备沉底晶体要探索适宜的条件。通过加热将明矾溶解在一定量的蒸馏水中，制成饱和溶液，随着温度的降低和溶剂的蒸发使溶液达到过饱和，析出明矾晶体并继续生长。

三、仪器与试剂

1. 仪器

电子分析天平，烧杯，玻璃漏斗，漏斗架，布氏漏斗，抽滤瓶，蒸发皿，表面皿，玻璃棒，试管，台秤，电加热套，温度计，酸式滴定管（50mL），磁力搅拌器，pH试纸。

2. 材料

废铝（可用铝质牙膏壳、铝合金罐头盒、易拉罐、铝导线等），涤纶线。

3. 试剂

$KOH(2mol \cdot L^{-1})$，$NH_3 \cdot H_2O(6mol \cdot L^{-1})$，$H_2SO_4(1:1)$，$HCl(2mol \cdot L^{-1})$，HAc $(6mol \cdot L^{-1})$，$BaCl_2(1mol \cdot L^{-1})$，$0.02mol \cdot L^{-1}$ EDTA 标准溶液（需标定），$ZnSO_4 \cdot 7H_2O(G. R.)$，二甲酚橙指示剂（$0.2g \cdot L^{-1}$），$NH_4F(200g \cdot L^{-1})$，20％六亚甲基四胺溶液，$Na_3[Co(NO_2)_6]$，铝试剂。

四、实验步骤

1. 明矾的制备

（1）制备 $K[Al(OH)_4]$

剪下约 4cm×4cm 的铝片一块，以砂纸将内外表面均磨光并剪成小片。称取约 1g 铝片，精确记录质量。将铝片置于 100mL 烧杯中，加入 30mL 的 $2mol \cdot L^{-1}$ KOH(aq)。在通风橱中使用水浴微微加热，以加速反应。观察铝片在水中有周期升降（上下浮沉）的现象，当氢气不再冒出即表示反应完全，反应完毕，趁热减压过滤。

（2）氢氧化铝的生成和溶解

将抽滤瓶中的澄清滤液倒入 100mL 烧杯中，边加热边慢慢滴加 $9mol \cdot L^{-1}$ H_2SO_4 溶液（$1:1H_2SO_4$）至沉淀全部溶解。

（3）将上述步骤中的澄清溶液（此时溶液中含有 Al^{3+}、K^+、SO_4^{2-}、H_2O）蒸发浓缩至体积约为 30mL，再自然冷却至室温，若无结晶生成，可用玻璃棒轻刮器壁，诱导结晶产生；再以冰水浴冷却，以降低温度使明矾结晶完全。

（4）减压过滤收集明矾结晶，用 10mL 1:1 的水-乙醇混合溶液洗涤晶体两次，抽干，然后用滤纸吸干晶体，称重，计算产率。

2. 明矾的定性检测

取少量产品溶于水，加入 HAc 溶液（$6mol \cdot L^{-1}$）呈微酸性（pH＝6～7），分成三份。

（1）加入几滴 $Na_3[Co(NO_2)_6]$ 溶液，若试管中有黄色沉淀，表示有 K^+ 存在。

（2）加入几滴铝试剂，摇荡后，放置片刻，再加 $NH_3 \cdot H_2O(6mol \cdot L^{-1})$ 碱化，置于水浴上加热，如沉淀为红色絮状，表示有 Al^{3+} 存在。

（3）加 $BaCl_2$ 1 滴、$6mol \cdot L^{-1}$ HCl 2 滴；搅拌，有白色晶形沉淀生成，表示有 SO_4^{2-} 存在。

3. 明矾产品的组成测定

（1）返滴定法测定产品中 Al^{3+} 的含量

① $KAl(SO_4)_2 \cdot 12H_2O$ 溶液的配制　准确称取 1～1.2g 明矾试样于 150mL 烧杯中，加入少量水润湿，加入 3mL $2mol \cdot L^{-1}$ HCl 溶液，微热，加水溶解，冷却定容于 250mL 容量瓶中，摇匀，备用。

② Al^{3+} 含量的测定　移取上述稀释液 25.00mL 三份分别于锥形瓶中，加入 20mL EDTA 溶液及 2 滴二甲酚橙指示剂，小心滴加 1:1 的 $NH_3 \cdot H_2O$ 调至溶液恰呈紫红色，然后滴加 $6mol \cdot L^{-1}$ HCl 使溶液再变为黄色。将溶液煮沸 3min，冷却，加入 20mL 20％六亚甲基四胺溶液，此时溶液应呈黄色（pH 值为 5～6），如不呈黄色，可用 HCl 溶液调节至溶液出现黄色，再补加 2 滴二甲酚橙指示剂，用锌标准溶液滴定至溶液由黄色恰变为紫红色，计入消耗的

体积。

（2）用比浊法测定产品中 SO_4^{2-} 的含量

准确称取 0.09g K_2SO_4，加水溶解，然后定容至 100mL；准确称取 0.1g $BaCl_2$，加水溶解，然后定容至 100mL。分别准确移取测 Al^{3+} 时已配好的明矾试样溶液 0.8mL 和 1.0mL 作为待测液 1 和待测液 2。按表 2-2 配制溶液，全部定容至 25mL，并测定其吸光度。

表 2-2　不同 SO_4^{2-} 浓度的吸光度

$V(SO_4^{2-})$/mL	0.00	0.10	0.20	0.30	0.40	0.50	样 1	样 2
A								

4. 明矾的应用（净水）

将一定量的明矾投入略有浑浊的水中，观察实验现象，并思考明矾净水的原理。

5. 明矾单晶的培养

$KAl(SO_4)_2 \cdot 12H_2O$ 为正八面体晶形。为获得棱角完整、透明的单晶，应让籽晶（晶种）有足够的时间长大，而籽晶能够成长的前提是溶液的浓度处于适当过饱和的准稳定区。本实验通过将室温下的饱和溶液在室温下静置，靠溶剂的自然挥发来创造溶液的准稳定状态，人工投放晶种让之逐渐长成单晶。

（1）籽晶的生长和选择

根据 $KAl(SO_4)_2 \cdot 12H_2O$ 的溶解度，称取 10g 明矾，加入适量的水，微热至固体全部溶解，然后自然冷却至室温。然后放在不易震动的地方，烧杯口上架一玻璃棒，在烧杯口上盖一块滤纸，以免灰尘落下。放置 1 天，杯底会有小晶体析出，从中挑选出晶形完善的籽晶待用，同时过滤溶液，留待后用。

（2）晶体的生长（本实验可课下操作）

以缝纫用的涤纶线把籽晶系好，系有晶种的涤纶线上要涂上凡士林，以防止涤纶线上出现结晶。剪去余头，缠在玻璃棒上悬吊在已过滤的饱和溶液中，观察晶体的缓慢生长。数天后，可得到棱角完整齐全、晶莹透明的大块晶体。

晶种一定要悬挂在溶液的中心位置，若离烧杯底部太近，由于有沉底晶体生成，会与晶体长在一起。同样，若离溶液表面太近，或靠近烧杯壁，都会产生同样的结果，使得晶体形状不规则。在晶体生长过程中，应经常观察，若发现籽晶上又长出小晶体，应及时去掉。若杯底有晶体析出也应及时滤去，以免影响晶体生长。

五、注意事项

1. 废铝原材料必须清洗干净表面的杂质；裁剪铝片应小心，避免割伤。

2. 制备 $K[Al(OH)_4]$，由于铝片和 KOH 反应会产生氢气（氢气与空气混合后易爆）并伴随有恶臭，因此务必在通风橱中进行，且切忌与火源接近。

3. 制备 $K[Al(OH)_4]$ 的反应过程中，观察铝片在水中有周期升降（上下浮沉）的现象，试解释其可能原因。

4. 氢氧化铝的生成和溶解操作时，边加热边慢慢滴加 H_2SO_4 溶液，会产生白色沉淀，继续加热和滴加硫酸溶液，白色沉淀先增加，然后逐渐减少至全部溶解，溶液无色透明。

5. 进行单晶培养时，应将烧杯放置到平稳处，避免烧杯震动。

六、实验结果处理

根据实验结果计算产率、产品中 Al^{3+} 含量和 SO_4^{2-} 含量。

七、思考题

1. 请简单叙述本实验所应用的原理，并写出相关的化学反应式。
2. 本实验中用碱液溶解铝片，然后再加酸，为什么不直接用酸溶解？
3. 最后产品为何要用乙醇洗涤？是否可以烘干？

实验3 三草酸合铁(Ⅲ)酸钾的制备、组成测定及表征

一、实验目的

1. 学习配合物的制备、定性、定量化学分析的基本操作。
2. 学习确定化合物化学式的基本原理及方法。
3. 用化学分析、热分析、电荷测定、磁化率测定、红外光谱等方法确定草酸根合铁(Ⅲ)酸钾组成，掌握某些性质与有关结构测试的物理方法。

二、实验原理

1. 性质与制备

三草酸合铁(Ⅲ)酸钾 $K_3[Fe(C_2O_4)_3]\cdot 3H_2O$ 为翠绿色单斜晶体，易溶于水（0℃时溶解度为 4.7g/100g；100℃时为 117.7g/100g），难溶于乙醇。110℃下失去结晶水，230℃分解。该配合物对光敏感，遇光照射发生分解变为黄色：

$$2K_3[Fe(C_2O_4)_3] \xrightarrow{\text{光}} 3K_2C_2O_4 + 2FeC_2O_4 + 2CO_2\uparrow$$

它在日光照射下或强光下分解生成草酸亚铁，遇六氰合铁(Ⅲ)酸钾生成滕氏蓝，反应为：

$$3FeC_2O_4 + K_3[Fe(CN)_6] == Fe_3[Fe(CN)_6]_2 + 3K_2C_2O_4$$

因此，在实验室中可作为感光纸，进行感光实验。

三草酸合铁(Ⅲ)酸钾是制备负载型活性铁催化剂的主要原料，也是一些有机反应的良好催化剂，在工业上具有一定的应用价值。

三草酸合铁酸钾的制备过程中，存在物质颜色的多样化，如 $FeC_2O_4\cdot 2H_2O$ 为淡黄色微晶沉淀，$[Fe(C_2O_4)_3]^{4-}$ 呈橙红色，$[Fe(C_2O_4)_3]^{3-}$ 呈鲜翠绿色，$K_3[Fe(C_2O_4)_3]\cdot 3H_2O$ 为翠绿色鲜艳粗大晶体，因此通过本实验可以很好地培养观察、分析解决问题的能力，提高对化学实验的兴趣。

实验室制备三草酸合铁酸钾，常用的方法有三种。

① 以硫酸亚铁铵与过氧化氢反应，生成三价铁盐，然后加入氨水，得到氢氧化铁沉淀，在碱性条件下与草酸钠反应。

② 以废铁屑为原料，制得硫酸亚铁铵（也可以直接使用试剂硫酸亚铁铵），加草酸制得草酸亚铁（黄色）后。其反应方程式如下：

$$(NH_4)_2Fe(SO_4)_2\cdot 6H_2O + H_2C_2O_4 == FeC_2O_4\cdot 2H_2O\downarrow + (NH_4)_2SO_4 + H_2SO_4 + 4H_2O$$

然后在过量草酸钾存在下，用过氧化氢氧化草酸亚铁即可得到三草酸合铁(Ⅲ)酸钾，同时有氢氧化铁生成：

$$6FeC_2O_4\cdot 2H_2O + 3H_2O_2 + 6K_2C_2O_4 == 4K_3[Fe(C_2O_4)_3] + 2Fe(OH)_3\downarrow + 12H_2O$$

加入适量草酸可使 $Fe(OH)_3$ 转化为三草酸合铁（Ⅲ）酸钾配合物：

$$2Fe(OH)_3 + 3H_2C_2O_4 + 3K_2C_2O_4 \Longrightarrow 2K_3[Fe(C_2O_4)_3] + 6H_2O$$

再加入乙醇，放置即可析出产物的结晶。其后几步总反应式为

$$2FeC_2O_4 \cdot 2H_2O + H_2O_2 + 3K_2C_2O_4 + H_2C_2O_4 \Longrightarrow 2K_3[Fe(C_2O_4)_3] \cdot 3H_2O$$

③ 以三氯化铁为起始原料，在一定条件下与草酸钾反应直接合成三草酸合铁（Ⅲ）酸钾。

$$FeCl_3 + 3K_2C_2O_4 \Longrightarrow K_3[Fe(C_2O_4)_3] + 3KCl$$

要确定所得配合物的组成，必须综合应用各种方法。

2. 产物的定性分析

产物组成的定性分析，采用化学分析和红外光谱法。

Fe^{3+}、K^+ 用化学分析法进行鉴定，可以判断出它们是配合物的内界还是外界。草酸根和结晶水通过红外光谱分析。草酸根形成配合物时，红外吸收的振动频率和谱带归属如表 3-1 所示。

表 3-1　配合物 IR 振动频率和谱带归属

频率 σ/cm^{-1}	谱带归宿
1712,1677,1649	羰基 C=O 的伸缩振动吸收带
1390,1270,1255,885	C—O 伸缩及 O—C=O 弯曲振动
797,785	O—C=O 弯曲及 M—O 键的伸缩振动
528	C—C 的伸缩振动吸收带
498	环变形 O—C=O 弯曲振动
366	M—O 伸缩振动吸收带

结晶水的吸收带在 $3550 \sim 3220 cm^{-1}$，一般在 $3450 cm^{-1}$ 附近，所以只要将产品红外光谱图的各吸收带与之对照即可得出定性的分析结果。

3. 产物的定量分析

产物的定量分析，采用化学分析方法。通过定量分析可以测定各组分的百分含量，各离子、基团等的个数比，再根据定性实验得到的对配合物内、外界的判断，从而可推断出产物的化学式。

结晶水的含量采用重量分析法。将已知质量的产品，在 110℃ 下干燥脱水，待脱水完全后再进行称量，即可计算出结晶水的百分含量。

草酸根的含量分析一般采用氧化还原滴定法确定。草酸根在酸性介质中，可被高锰酸钾定量氧化。其反应为

$$5C_2O_4^{2-} + 2MnO_4^- + 16H^+ \longrightarrow 2Mn^{2+} + 10CO_2 + 8H_2O$$

铁的分析也可以采用氧化还原滴定法。在上述测定草酸根后剩余的溶液中，用过量还原剂锌粉将 Fe^{3+} 还原为 Fe^{2+}，然后再用高锰酸钾的标准溶液滴定 Fe^{2+}，其反应为

$$Zn + 2Fe^{3+} \longrightarrow 2Fe^{2+} + Zn^{2+}$$

$$5Fe^{2+} + MnO_4^- + 8H^+ \longrightarrow 5Fe^{3+} + Mn^{2+} + 4H_2O$$

由消耗的高锰酸钾的量可以计算出铁的百分含量。

钾的百分含量可由总量减去铁、草酸根和结晶水的百分含量得到。

4. 产物的表征

（1）配合物的类型、配离子电荷数的测定

一般应用电导法或离子交换法。本实验采用电导法进行测定。25℃时含不同离子数配合物的摩尔电导率 Λ_m 如表 3-2 所示。

表 3-2　不同离子数配合物的摩尔电导率 Λ_m

离子数	2	3	4	5
$\Lambda_m/10^{-4}\,S\cdot m^2\cdot mol^{-1}$	$118\sim131$	$235\sim273$	$408\sim435$	约 560

（2）配合物中心离子的外层电子结构

通过对配合物磁化率的测定，可以推算出未成对电子数，推断出中心离子外层电子的结构、配键类型和立体化学结构。

（3）热重、差热分析

通过对热量分析（TG）曲线的分析，了解物质在升温过程中质量的变化情况；通过对差热分析（DTA）曲线的分析，可了解物质在升温过程中（吸热、放热）的变化情况。所以对产品情况进行 TG、DTA 分析可测量出失去结晶水的温度、热分解温度及脱水分解反应热量变化情况，各步失重的数量，对于判断反应的产物是极有帮助的。

（4）X 射线粉末衍射分析

每种物质的晶体都具有自己独特的晶体结构，通过 X 射线粉末衍射分析，由所产生的衍射图，可以鉴别物质的物相，测定简单晶体物质的晶胞参数等。

三、仪器与试剂

1. 仪器

磁天平，差热热重分析仪，红外光谱仪，X 射线衍射分析仪，电导率仪，电子分析天平，玛瑙研钵，吹风机，干燥器，真空干燥箱，真空泵，布氏漏斗，吸滤瓶，烘箱，温度计，恒温水浴，干燥器，滴定管等。

2. 材料

滤纸，广泛 pH 试纸，精密 pH 试纸（3～3.5）。

3. 试剂

H_2SO_4（$3mol\cdot L^{-1}$），$H_2C_2O_4$（饱和），H_2O_2（30%，6%），$K_2C_2O_4$（饱和），$NH_3\cdot H_2O$（$6mol\cdot L^{-1}$），乙酸（10%），乙醇（95%），丙酮（A.R.），$Na_3[Co(NO_2)_6]$，KSCN（$0.1mol\cdot L^{-1}$），$CaCl_2$（$0.5mol\cdot L^{-1}$），$FeCl_3$（$0.1mol\cdot L^{-1}$），$BaCl_2$（$0.5mol\cdot L^{-1}$），H_2SO_4-H_3PO_4 混酸，HCl（浓），$(NH_4)_2Fe(SO_4)_2\cdot6H_2O$（C.P.），$KMnO_4$（A.R.），$K_3[Fe(CN)_6]$（A.R.），$Na_2C_2O_4$（A.R.），KOH（A.R.），$H_2C_2O_4$（A.R.），$FeCl_3\cdot6H_2O$（A.R.），$K_2C_2O_4$（A.R.），Zn 粉（G.R.）。

四、实验步骤

1. 三草酸合铁(Ⅲ)酸钾的制备

方法一：

（1）$Fe(OH)_3$ 的制备

称取 5.0g $(NH_4)_2Fe(SO_4)_2\cdot6H_2O$，放入 250mL 烧杯中，加入 100mL 水，微微加热，搅拌溶解，加入 5mL 30% H_2O_2 溶液（应如何加？）搅拌，微热，溶液变为红棕色并有少量棕色沉淀生成（什么物质？什么原因？）。向此烧杯中再加入 $6mol\cdot L^{-1}$ 的氨水（按计算量过量 50%，为什么过量？过量多少比较合适？理论依据是什么？）至溶液中，使氢氧化铁沉淀完全

（如何判断沉淀完全？）。直接加热，不断搅拌，煮沸后静置，倾去上层清液，在留下的沉淀中加入 100mL 水，进行同样操作，洗涤沉淀（洗涤的目的是什么？），然后进行抽滤，再用 50mL 热水洗涤沉淀，抽干，得氢氧化铁沉淀。

（2）$K_3[Fe(C_2O_4)_3] \cdot 3H_2O$ 的制备

称取 2g 氢氧化钾和 4g 草酸，溶解在 80～100mL 水中，加热使其完全溶解后，再搅动下，将氢氧化铁沉淀加入此溶液中。加热，使氢氧化铁溶解。普通过滤，除去不溶物，将滤液收集在蒸发皿中，在水浴上（也可用蒸发皿小火加热）浓缩至 20mL，转移至 50mL 小烧杯中，用冰水冷却，搅拌，便析出翠绿色晶体（若将浓缩液放置 4h 以上，则能析出较大的、具有漂亮绿色的单斜晶体）。将晶体先用少量水洗涤，后用 95% 乙醇洗涤（作用是什么？），用滤纸吸干，得翠绿色晶体。

方法二：

（1）制取 $FeC_2O_4 \cdot 2H_2O$

称取 5.0g $(NH_4)_2Fe(SO_4)_2 \cdot 6H_2O$ 放入 250mL 烧杯中，加入 1mL 3mol·L^{-1} H$_2$SO$_4$ 和 15mL 去离子水，加热使其溶解[1]，在不断搅拌下逐滴加入 25mL 饱和 H$_2$C$_2$O$_4$ 溶液，然后将其加热至沸，并维持微沸 1min 后静置[2]，待黄色沉淀 FeC$_2$O$_4$ 完全沉降后，用倾斜法倒出清液，用热去离子水洗涤沉淀（每次用水约 20mL）至中性，以除去可溶性杂质[3]。

（2）制备 $K_3[Fe(C_2O_4)_3] \cdot 3H_2O$

在上述洗涤过的沉淀中，加入 10mL 饱和 $K_2C_2O_4$ 溶液，水浴加热至 40℃，溶液呈橙红色，保持 40℃恒温，在搅拌条件下向溶液中缓慢滴加 6% 的 H_2O_2 溶液（保持 1d/s，并快速搅拌）[4]，溶液中有棕褐色的 $Fe(OH)_3$ 沉淀生成（注意检验 Fe^{2+} 沉淀完全[5]），Fe^{2+} 完全转化后，加热溶液至沸 2min 左右，以除去过量的 H_2O_2[6]。稍冷，将溶液温度控制在 75～85℃下，分别逐滴加入饱和 $H_2C_2O_4$ 溶液使沉淀全部溶解，溶液应为翠绿色。冷至室温，加入 15mL 95% 的乙醇，用表面皿盖在烧杯上，暗处放置 1～2h，即有晶体析出，减压过滤，抽干后用少量乙醇洗涤产品，继续抽干，称量，计算产率，并将晶体放在干燥器内避光保存。

方法三：

用托盘天平称取 10.7g $FeCl_3 \cdot 6H_2O$ 放入 100mL 烧杯中，用 16mL 蒸馏水溶解配成 $FeCl_3$ 溶液（约 0.4g·mL^{-1}），加入数滴稀盐酸调节溶液的 pH＝2（为什么？）；用托盘天平称取 21.8g 草酸钾放入 250mL 烧杯中，加入 60mL 蒸馏水并加热至 85～95℃，逐滴加入三氯化铁溶液并不断搅拌，至溶液变成澄清翠绿色，测定此时溶液 pH 值为 4，再将此溶液放到冰水混合物中冷却，保持此温度直到结晶完全析出母液，然后再将晶体溶于 60mL 热水中，再冷却到 0℃，待其晶体完全析出，然后减压过滤，用 10% 乙酸溶液洗涤晶体一次（为什么？），再用丙酮洗涤两次，减压过滤抽干晶体，将合成的 $K_3[Fe(C_2O_4)_3] \cdot 3H_2O$ 粉末在 110℃下放置于干燥器中干燥 1.5～2h，然后冷却、称其质量。将所得产物用研钵研成粉末，用黑布包裹储存待用。

此产品在制备及干燥时必须避光，所得成品也要放在暗处。

2. 产品的定性分析

通过以下三组对比实验，定性说明产品中 K$^+$、Fe^{3+} 和 C$_2$O$_4^{2-}$ 是处在配合物外界还是内界，同时也检验产品中是否含有杂质 Fe(Ⅱ)。

（1）K$^+$ 的鉴定

在试管中加入少量产品，用去离子水溶解，再加入 1mL $Na_3[Co(NO_2)_6]$ 溶液，充分摇动试管（可用玻璃棒摩擦试管内壁后放置片刻），观察现象。

（2）Fe^{3+} 的鉴定

在试管中加入少量产品，用去离子水溶解，另取一支试管加入少量的 $FeCl_3$ 溶液。各加入 2 滴 $0.1mol \cdot L^{-1}$ KSCN，观察现象。在装有产物溶液的试管中加入 3 滴浓盐酸，再观察溶液颜色有何变化，解释实验现象。

（3）$C_2O_4^{2-}$ 的鉴定

在试管中加入少量产品，用去离子水溶解，另取一支试管加入少量的 $K_2C_2O_4$ 溶液。各加入 2 滴 $0.5mol \cdot L^{-1}$ $CaCl_2$ 溶液，观察实验现象有何不同。

（4）Fe^{2+} 的鉴定

在试管中加入少量产物，用去离子水溶解，加酸酸化后加少许 $K_3[Fe(CN)_6]$ 固体，如出现蓝色，证明产物中含有 $Fe(Ⅱ)$。

3. 产物组成的定量分析

（1）结晶水质量分数的测定

洗净两个称量瓶，在 110℃ 电烘箱中干燥 1h，置于干燥器中冷却，至室温时在电子分析天平上称量。然后再放到 110℃ 电烘箱中干燥 0.5h，即重复上述干燥—冷却—称量操作，直至质量恒定（两次称量相差不超过 0.3mg）为止。

在电子分析天平上准确称取两份产品各 $0.5\sim0.6$g，分别放入上述已质量恒定的两个称量瓶中。在 110℃ 电烘箱中干燥 1h，然后置于干燥器中冷却，至室温后，称量。重复上述干燥（改为 0.5h）→冷却→称量操作，直至质量恒定。根据称量结果计算产品结晶水的质量分数。

（2）$0.0200mol \cdot L^{-1}$ $KMnO_4$ 标准溶液配制与标定

台秤称取 $KMnO_4$ $1.6\sim1.7$g，置于烧杯中，加蒸馏水溶解、稀释至 500mL。将溶液加热并保持微沸 500mL（可多加水），冷却后转入玻璃塞试剂瓶中，放置 $2\sim3$ 天，用微孔玻璃漏斗过滤，将滤液贮存于棕色磨口试剂瓶中摇匀，置于暗处待标定。准确称取 3 份 $Na_2C_2O_4$ $0.13\sim0.15$g 于 250mL 锥形瓶中，分别加入 30mL 水溶解，加 10mL $3mol \cdot L^{-1}$ H_2SO_4，加热至 $75\sim85$℃（即液面冒水蒸气），趁热用 $0.0200mol \cdot L^{-1}$ $KMnO_4$ 滴定至粉红色为终点，根据消耗 $KMnO_4$ 溶液的体积计算 $KMnO_4$ 浓度。

（3）草酸根质量分数的测定

在电子分析天平上称取两份产品（$0.15\sim0.20$g），分别放入两个锥形瓶中，均加入 20mL H_2SO_4-H_3PO_4 混酸和 20mL 去离子水，微热溶解，加热至 $75\sim85$℃（即液面冒水蒸气），趁热用 $0.0200mol \cdot L^{-1}$ $KMnO_4$ 标准溶液滴定至粉红色为终点（保留溶液待下一步分析使用）。根据消耗 $KMnO_4$ 溶液的体积，计算产物中 $C_2O_4^{2-}$ 的质量分数。

（4）铁质量分数的测量（高锰酸钾法）

在上述保留的溶液中加入 1g Zn 粉、5mL $3mol \cdot L^{-1}$ H_2SO_4 加热近沸，摇动 $8\sim10$min 后，将 Fe^{3+} 还原为 Fe^{2+} 即可，趁热过滤除去多余的 Zn 粉，滤液用另一个锥形瓶承接。再用约 40mL $0.2mol \cdot L^{-1}$ H_2SO_4 溶液洗涤原锥形瓶和沉淀，一并收集到上述锥形瓶中。继续用 $0.0200mol \cdot L^{-1}$ $KMnO_4$ 标准溶液滴定至粉红色为终点。根据消耗 $KMnO_4$ 溶液的体积，计算产物中 Fe^{3+} 的质量分数。

根据以上的实验结果，计算出 K^+ 的百分含量，推断出配合物的化学式。

（5）配离子的电荷测定

配制 100mL 1.0×10^{-3} mol·L^{-1} 的 $K_3[Fe(C_2O_4)_3]$ 溶液，测定其在 25℃时的电导率。

（6）配合物红外光谱的测定

在 400 ～ 4000cm^{-1} 范围采用 KBr 压片对产品进行红外光谱分析。

4. 产物的性质

（1）在表面皿或点滴板上放少许 $K_3[Fe(C_2O_4)_3]$·3H$_2$O 产品，置于日光下一段时间后观察晶体颜色的变化，与放暗处的晶体比较。写出光化学反应。

（2）制感光纸：取 0.3g $K_3[Fe(C_2O_4)_3]$·3H$_2$O、0.4g 铁氰化钾溶于 5mL 蒸馏水。将溶液涂在纸上即成感光纸。附上图案，在日光下照射数秒，曝光部分变深蓝色，被遮盖部分即显示出图案来。

（3）配感光液：取 0.3～0.4g $K_3[Fe(C_2O_4)_3]$·3H$_2$O 溶于 5mL 蒸馏水，用滤纸条做成感光纸。同（2）操作。曝光后去掉图案，用 3.5% 的六氰合铁酸钾（Ⅲ）溶液润湿或漂洗，即显影映出图案来。

5. 配合物的热分析

在热分析仪的小坩埚内，准确称取已研细的样品 5～6mg，小心地、轻轻地放到热分析仪的坩埚支架上，在 450℃以下进行热重（TG）、差热分析（DTA）。

仪器各量程及参数的选择：热重分析量程，5mg；差热分析量程，50μV；微分热重量程，10mV·min^{-1}；升温速率，10℃·min^{-1}。

实验后根据 TG、DTA 曲线，用外推法求出外推起始分解温度、失结晶水的温度及结晶水的个数。同学可以根据自己的兴趣，对 TG 曲线各段失重的数据进行分析，推断 400℃以下可能生成的热分解产物，查阅资料找出还需要哪些测试手段、分析方法才能够确证分解产物。

6. 配合物的 X 射线粉末衍射分析

取做完实验后的样品，在玛瑙研钵中保留一部分，继续研细至无颗粒（约 300 目），装入 X 射线粉末衍射仪样品板的凹槽中用平面玻璃适当压紧（只能垂直方向按压，不能横向搓压，防止晶体产生择优取向）制得"样品压片"，再将其放到 X 射线粉末衍射仪的样品支架上，在教师的指导下，按操作使用说明，对样品进行 X 射线粉末衍射分析。

五、注释

［1］为了防止 Fe(Ⅱ) 水解和氧化，硫酸亚铁铵溶解时应加少量 H$_2$SO$_4$，防止 Fe(Ⅱ) 的水解和氧化。

［2］FeC$_2$O$_4$·2H$_2$O 生成时要维持微沸几分钟，主要是有利于 FeC$_2$O$_4$·2H$_2$O 晶体颗粒长大便于过滤。加热时不能采用酒精灯或电炉来加热，因为 FeC$_2$O$_4$·2H$_2$O 晶体易爆沸，不易控制火候，采用沸水浴加热比较安全且效果较佳。

［3］生成的 FeC$_2$O$_4$·2H$_2$O 晶体表面容易黏着硫酸盐，要用少量 H$_2$O 洗涤，洗净的标准是洗涤液中检不到 SO$_4^{2-}$；FeC$_2$O$_4$ 的洗涤条件是草酸亚铁在冷水中的溶解度为 0.22g/100g，而在热水中的溶解度为 0.026g/100g，所以，宜采用热水（40℃以上）进行洗涤，以减少 FeC$_2$O$_4$ 的损失。

［4］在不断搅拌下慢慢滴加 H$_2$O$_2$ 且需保持恒温 40℃，温度太低，Fe(Ⅱ) 氧化速度太慢，温度太高，易导致 H$_2$O$_2$ 分解而影响 Fe(Ⅱ) 氧化结果。

［5］检验 Fe(Ⅱ) 是否氧化完全：吸取 1 滴所得黄色悬浊液于白色点滴板中，加酸酸化后加少许 $K_3[Fe(CN)_6]$ 固体，如出现蓝色（蓝色＋黄色混合色为绿色），证明还有 Fe(Ⅱ)，需再加 H_2O_2 至检测不到 Fe(Ⅱ)。

［6］煮沸除去过量的 H_2O_2 时间不宜过长，否则使生成的 $Fe(OH)_3$ 沉淀颗粒变大，不利于配位反应的进行。

六、思考题

1. 在配制 $K_3[Fe(C_2O_4)_3]$ 溶液进行性质实验时，要特别注意什么？
2. 本实验测定 Fe^{3+}、$C_2O_4^{2-}$ 的原理是什么？
3. 除本实验的方法外，还可以用什么方法测出两种组分的含量？

实验 4　发光稀土配合物 Eu(phen)₂(NO₃)₃ 的制备与性能测试

一、实验目的

1. 学习 $Eu(phen)_2(NO_3)_3$ 的制备原理和方法。
2. 观察配合物的发光现象。
3. 了解 Eu(Ⅲ) 配合物发光的基本原理。
4. 利用荧光光谱考察稀土配合物的荧光性质。

二、实验原理

稀土指位于周期表中 B 族的 21 号元素钪（Sc）、39 号元素钇（Y）和 57 号至 71 号镧系元素镧（La）、铈（Ce）、镨（Pr）、钕（Nd）、钷（Pm）、钐（Sm）、铕（Eu）、钆（Gd）、铽（Tb）、镝（Dy）、钬（Ho）、铒（Er）、铥（Tm）、镱（Yb）和镥（Lu）共 17 种元素。常用符号 RE 表示。

我国盛产稀土元素，储量居世界之首。近年来，稀土的产量也位于世界前列。在我国，发展稀土的应用具有很大的资源优势。

在稀土化学中，稀土配位化合物占有非常重要的地位。本实验通过合成一种简单的稀土配合物并观察其发光现象，获得一些有关稀土配合物的制备及发光性质的初步知识。

1. 发光配合物 Eu(phen)₂(NO₃)₃ 的制备原理

稀土离子为典型的硬酸，根据软硬酸碱理论中硬-硬相亲原则，它们易跟含氧或氮等配位原子的硬碱配位体络合。能与稀土离子形成配合物的典型配位体有 H_2O、$acac^-$（乙酰丙酮负离子）、Ph_3PO（三苯基氧化膦）、DMSO（二甲基亚砜）、EDTA（乙二胺四乙酸）、dipy(2,2'-联吡啶)、phen(1,10-邻菲啰啉) 以及阴离子配位体如 F^-、Cl^-、Br^-、NCS^-、NO_3^- 等。

在 RE(Ⅲ)-氮的配合物中，胺能与 RE(Ⅲ) 形成稳定的配合物，常见的为多胺配合物。典型的多胺配位体有二配位基的 2,2'-联吡啶、邻菲啰啉和三配位基的三联吡啶等。由这些配位体形成的配合物实例有 $[Ln(bipy)_2(NO_3)_3]$（十配位）、$[Ln(terpy)_3](ClO_4)_3$（九配位）、$[Ln(phen)_4](ClO_4)_3$（八配位）等。

稀土配合物的合成可采用的方法有以下几种。

（1）稀土盐（REX_3）

在溶剂（S）中与配体（L）直接反应或氧化物与酸直接反应：

$$REX_3 + nL + mS \Longrightarrow REX_3 \cdot nL \cdot mS$$

$$REX_3 + nL \Longrightarrow REX_3 \cdot nL$$

$$RE_2O_3 + 2H_nL \Longrightarrow 2H_{n-3}REL + 3H_2O$$

（2）交换反应

利用配位能力强的配体 L′或螯合剂 Ch′取代配位能力弱的 L、X 或螯合剂 Ch。

$$REX_3 + M_nL \longrightarrow REL^{-(n-3)} + M_nX^{n-3}$$

$$REX_3 \cdot nL + mL' \longrightarrow REX_3 \cdot mL' + nL$$

也可利用稀土离子取代铵、碱金属或碱土金属离子。

$$MCh^{2-} + RE^{3+} \longrightarrow RECh + M^+ \quad (其中 M^+ = Li^+、Na^+、K^+、NH_4^+ 等)$$

（3）模板反应

配体原料在与金属形成配合物的过程中形成配体，如稀土酞菁配合物的合成。

稀土的硝酸盐、硫氰酸盐、醋酸盐或氯化物与邻菲啰啉按方法1作用时，都可得到 RE：phen＝1：2 的化合物。

本实验中，起始原料 Eu_2O_3 与 HNO_3 反应完全蒸干后得到 $Eu(NO_3)_3 \cdot nH_2O$（$n=5$ 或 6）后，使其在乙醇溶剂中与配体 phen 直接反应，生成产物。反应方程式为：

$$Eu(NO_3)_3 \cdot nH_2O + 2phen \longrightarrow Eu(phen)_2 \cdot (NO_3)_3 + nH_2O$$

产物为白色，紫外灯下发出红色荧光。

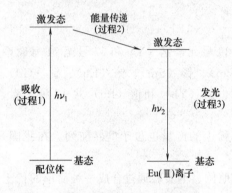

图 4-1 发光配合物 $Eu(phen)_2(NO_3)_3$ 的能量变化

2. 配合物 $Eu(phen)_2(NO_3)_3$ 的发光机理

发光是物体内部以某种方式吸收能量，然后转化为光辐射的过程。对于本实验所合成的发光配合物 $Eu(phen)_2(NO_3)_3$，可以简要地以图 4-1 来解释能量的吸收、传递和发光过程。

首先，配位体 phen 有效地吸收紫外线的能量，电子从其基态跃迁到激发态（过程 1）；由于以配位键与 phen 相连的三价稀土离子 Eu（Ⅲ）的激发态与 phen 的激发态能量相匹配，处于激发态的 phen 通过非辐射跃迁的方式将能量传递给 Eu（Ⅲ）激发态（过程 2）；最后电子从 Eu（Ⅲ）激发态回到基态，将能量以光子的形式放出（过程 3），这就是能看到的发光。在整个过程中，配体 phen 能有效地吸收能量并有效地将能量传递给中心离子 Eu（Ⅲ），这对于增强 Eu（Ⅲ）的发光是十分重要的，人们把发光配合物中配体的这种作用比喻为"天线效应"。（非辐射跃迁表示原子在不同能级跃迁时并不伴随光子的发射或吸收，而是把多余的能量传给了别的原子或吸收别的原子传给它的能量，所以不存在选择定则的限制）。

三、仪器与试剂

1. 仪器

分析天平，蒸发皿，烧杯（50mL、10mL），恒温水浴锅，红外灯，紫外灯，小漏斗，锥形瓶，酸式滴定管，容量瓶，试剂瓶，表面皿，玻璃棒，抽滤瓶，布氏漏斗，滤纸，磁子。

2. 试剂

固体 Eu_2O_3（99.99%），邻菲啰啉（phen）（A. R.），HNO_3（体积比 1：1），无水乙醇（A. R.），$ZnSO_4 \cdot 7H_2O$（A. R.），1：5HCl，$6mol \cdot L^{-1}NH_3 \cdot H_2O$，0.5% 的二甲酚橙指示剂，20% 六亚甲基四胺，$0.001mol \cdot L^{-1}$ EDTA，50mL 的浓硝酸和高氯酸配成 100mL

混酸。

四、实验步骤

1. Eu(phen)$_2$(NO$_3$)$_3$ 制备

（1）固体 Eu$_2$O$_3$ 的溶解

称取固体 Eu$_2$O$_3$ 0.500mmol（0.1760g）于 50mL 烧杯中。在搅拌下，加入稍过量的 HNO$_3$ 溶液（体积比 1:1），使其溶解。为加快溶解速度，可在 60～70℃ 水浴上加热，得到澄清透明的溶液。若加热后还有少许不溶物，则过滤除去。

（2）Eu(NO$_3$)$_3$·nH$_2$O 溶液的制备

将溶液转移至烧杯中，水浴加热，将溶液蒸发至干，得固体 Eu(NO$_3$)$_3$·nH$_2$O（$n=5$ 或 6）。将固体置于紫外灯下观察硝酸铕发出的微弱红光。加入 3mL 无水乙醇使固体溶解，得反应液 A。

以上两步均需在通风橱中进行。

（3）phen 溶液的制备

在 10mL 烧杯中称取固体 phen 0.10mmol（0.1980g），加入 5mL 无水乙醇使其溶解。若有不溶物则过滤除去，并用 1～2mL 无水乙醇淋洗滤纸，得反应液 B。

（4）产物 Eu(phen)$_2$(NO$_3$)$_3$ 的制备

在搅拌下，将 A 慢慢加入到 B 中，观察到有白色沉淀生成，此沉淀即为产物 Eu(phen)$_2$(NO$_3$)$_3$。为使反应充分进行，继续搅拌 1～2min。抽滤分离出固体产物。以每次 1mL 无水乙醇洗涤产物两次后，将产物转入表面皿中，红外灯下烘干，得到干燥的白色固体。

2. Eu(phen)$_2$(NO$_3$)$_3$ 的性能检测

（1）稀土有机配合物中稀土离子含量的测定

准确称取 50mg 样品加入少量混酸在 100mL 烧杯中加热硝化分解。沉淀完全硝化分解后用去离子水稀释至 60mL 左右，用 20% 的六亚甲基四胺溶液调 pH 值到 5～6，然后移入 100mL 容量瓶中，洗涤烧杯和磁子，加去离子水至 100mL 的待测溶液。准确移取 25mL 溶液于 250mL 锥形瓶中，加入适量的水稀释，滴加 2 滴二甲酚橙，用 0.001mol·L^{-1} EDTA 标准溶液进行滴定，至溶液由紫红色刚好变成亮黄色即为滴定终点。记录消耗的 EDTA 的体积，平行测定三次。

（2）稀土有机配合物的发光性能评价

将干燥的稀土铕产物置于紫外灯下，观察产物发出明亮的红色荧光；并在荧光光谱仪上测定产物的荧光光谱。

激发光谱：$\lambda_{em}=616$nm，扫描范围为 250～400nm。

发射光谱：$\lambda_{ex}=354$nm，扫描范围为 550～750nm。

五、注意事项

1. 稀土硝酸盐制备过程中硝酸的使用与蒸干温度。
2. 稀土有机配合物合成中 pH 值的调节。
3. 稀土有机配合物硝化分解的操作。
4. 滴定过程的操作规范。
5. 反应液 A 加到 B 中时，很快生成目标产物 Eu(phen)$_2$(NO$_3$)$_3$，说明此类形成配合物的反应容易进行。$Eu_2(SO_4)_3 \cdot 8H_2O$、$EuCl_3 \cdot 6H_2O$ 等铕的盐类均可以直接与 phen 反应得到相应的配合物。

6. 为使发光现象更明显，紫外灯照样品时，需用纸板等物挡住日光对样品的照射。紫外灯可用普通坐式验钞紫外灯代替。

六、实验结果处理

1. 根据测定结果计算出稀土有机配合物中稀土离子含量。
2. 根据配合物的荧光光谱对稀土有机配合物的发光进行性能评价（见表 4-1）。

表 4-1　$Eu(phen)_2(NO_3)_3$ 发射光谱数据及指认

峰位波长/nm	相对强度	指认
592	弱	$^5D_0 - ^7F_1$
615	极强	$^5D_0 - ^7F_2$
640	极弱	$^5D_0 - ^7F_3$
680	弱	$^5D_0 - ^7F_4$

七、思考题

1. 稀土有机配合物的发光与稀土离子电子结构的关系？
2. 稀土有机配合物的紫外特征吸收峰与其发光性能的关系？
3. 溶解 Eu_2O_3 时，为什么不宜加入过多的 HNO_3 溶液？
4. 为什么要将稀土的硝酸盐溶液蒸干？
5. 本实验中有哪些操作是用于保证产物纯度的？
6. 本实验中使用非水溶剂的优点有哪些？
7. EDTA 法在化学分析中有哪些应用？

实验 5　差热分析

一、实验目的

1. 用差热分析仪对 $CuSO_4 \cdot 5H_2O$ 进行差热分析，并定性解释所得的差热谱图。
2. 掌握差热分析原理，了解差热分析仪的构造，学会操作技术。
3. 学会热电偶的制作，掌握绘制步冷曲线的实验方法。

二、实验原理

1. 差热分析

许多物质在加热或冷却过程中会发生熔化、凝固、晶形转变、分解、化合、吸附、脱附等物理化学变化。这些变化必将伴随系统焓的改变，因而产生热效应。其表现为该物质与外界环境之间有温度差。选择一种对热稳定的物质作为参比物，将其与样品一起置于可按设定速率升温的电炉中。分别记录参比物的温度以及样品与参比物间的温度差。以温差对温度作图就可得到一条差热分析曲线，或称差热谱图。可以说，差热分析就是在程序控制温度条件下被测物质与参比物之间温度差对温度关系的一种技术。从差热曲线可以获得有关热力学和热动力学方面的信息。结合其他测试手段，还有可能对物质的组成、结构或产生热效应的变化过程的机理进行深入研究。

有些差热分析测定采用双笔记录仪分别记录温差和温度，而以时间作为横坐标。这样就得到 ΔT-t 和 T-t 两条曲线。图 5-1 为理想条件下的差热分析曲线。显然，通过温度曲线可以很容易地确定差热分析曲线上各点的对应温度值。

如果参比物和被测试样的热容大致相同，而试样又无热效应，两者的

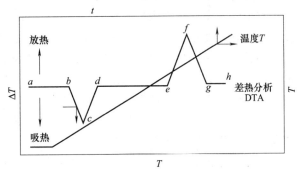

图 5-1　理想条件下的差热分析曲线[1]

温度基本相同，此时得到的是一条平滑的直线。图中的 ab—de—gh 段就表示这种状态，该直线称为基线。一旦试样发生变化，因而产生了热效应，在差热分析曲线上就会有峰出现，如 bcd 或 efg 即是。热效应越大，峰的面积也就越大。在差热分析中通常还规定，峰顶向上的峰为放热峰，它表示试样的焓变小于零，其温度将高于参比物。相反，峰顶向下的峰为吸热峰，则表示试样的温度低于参比物。

2. 影响差热分析曲线的若干因素

一个热效应所对应的峰位置和方向反映了物质变化的本质；其宽度、高度和对称性，除与测定条件有关外，往往还取决于样品变化过程中的各种动力学因素。实际上，一个峰的确

切位置还受变温速率、样品量、粒度大小等因素影响。实验表明，峰的外推起始温度 T_e 比峰顶温度 T_p 所受影响要小得多，同时，它与其他方法求得的反应起始温度也较一致。因此，国际热分析会议决定，以 T_e 作为反应的起始温度，并可用于表征某一特定物质。T_e 的确定方法如图 5-2 所示。

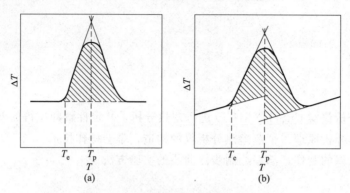

图 5-2　差热峰位置和面积的确定[1]

图 5-2 中（a）为正常情况下测得的曲线，其 T_e 由两曲线的外延交点确定，峰面积为基线以上的阴影部分。然而，由于样品与参比物以及中间产物的物理性质不尽相同，再加上样品在测定过程中可能发生的体积改变等，就往往使得基线发生漂移，甚至一个峰的前后基线也不在一直线上。在这种情况下，T_e 的确定需较细心，而峰面积可参照图 5-2（b）的方法计算。

在完全相同的条件下，大部分物质的差热分析曲线具有特征性，因此就有可能通过与已知物谱图的比较来对样品进行鉴别。通常，在谱图上都要详尽标明实验操作条件。除特殊情况外，绝大部分差热分析曲线指的是按程序控制升温方式测定的。至于具体实验条件的选择，一般可从以下几方面加以考虑。

（1）参比物是测量的基准

在整个测定温度范围内，参比物应保持良好的热稳定性，它自身不会因受热而产生任何热效应。另外，要得到平滑的基线，参比物的热容、热导率、粒度、装填疏密程度应尽可能与试样相近。常用的参比物有 $\alpha\text{-}Al_2O_3$、煅烧过的 MgO、石英砂或镍等。为了确保其对热稳定，使用前应先经较高温度灼烧。

（2）升温速率对测定结果的影响十分明显

一般来说，速率过高时，基线漂移较明显，峰形比较尖锐，但分辨率较差，峰的位置会向高温方向偏移。通常升温速率为 $2\sim20℃\cdot min^{-1}$。

（3）差热分析结果也与样品所处气氛和压力有关

例如，碳酸钙、氧化银的分解温度分别受气氛中二氧化碳和氧气分压影响；液体或溶液的沸点或泡点更是直接与外界压力有关；某些样品或其热分解产物还可能与周围的气体进行反应。因此，应根据情况选择适当的气氛和压力。常用的气氛为空气、氮气或是将系统抽真空。

（4）样品的预处理及用量

一般非金属固体样品均应经过研磨，使成为 200 目左右的微细颗粒。这样可以减少死空间、改善导热条件。但过度研磨将有可能破坏晶体的晶格。样品用量与仪器灵敏度有关，过多的样品必然存在温度梯度，从而使峰形变宽，甚至导致相邻峰互相重叠而无法分辨。如果样品量过少，或易烧结，可掺入一定量的参比物。

3. 样品保持器和加热电炉

样品保持器是仪器的关键部件，可用陶瓷或金属块制成。图5-3为较常见的样品保持器和样品坩埚剖面图。

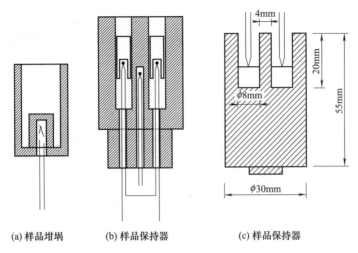

(a) 样品坩埚　　　(b) 样品保持器　　　(c) 样品保持器

图5-3　样品坩埚及样品保持器剖面图

保持器的上端有两个相互平行的粗孔，可以容纳坩埚，也可直接装上样品和参比物。底部的细孔与上端两个粗孔的中心位置相通，用于插入热电偶。如果在整个测量过程中，样品不与热电偶作用，也不会在热电偶上烧结熔融，可不必使用坩埚而直接将其装入粗孔中。本实验将热电偶插在样品中间的对称位置上，如图5-3（c）所示。热电偶直接与样品接触，测定的灵敏度可以得到提高。

加热电炉要有较大的恒温区，通常采取立式装置。为便于更换样品，电炉可为升降式或开启式结构。

4. 差热分析仪

差热分析仪如图5-4所示。取两支用同样材料制成的热电偶作为热端，分别插入样品和参比物中；再取一支同样的热电偶作为冷端置于0℃的冰水浴中。分别将三支热电偶中具有相同材料的线头连接在一起，另一种材料则分别接到记录仪的输入端。样品和参比物的热电偶按相反的极性串接。样品与参比物处在同一温度时，它们的热电势互相抵消，ΔT记录笔得到一条平滑的基线。一旦样品发生变化，所产生的热效应将使样品自身温度偏离程序控制，这样两支热电偶的温差将产生温差热电势。至于参比物的温度则由另一记录笔记录，并用数字电压表显示。其实际温度可从表5-1热电偶毫伏值与温度换算表查得。

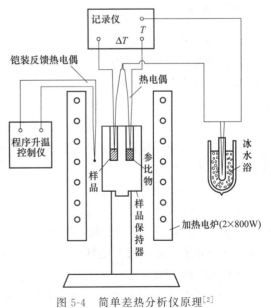

图5-4　简单差热分析仪原理[2]

表 5-1　镍铬-镍硅热电偶热电势（分度号 EU-2）与温度换算

t/℃	0	10	20	30	40	50	60	70	80	90
热电势/mV										
	—	—	—	—	—					
		0.64	1.27	1.89	2.50	3.11				
0	0	0.65	1.31	1.98	2.66	3.35	4.05	4.76	5.48	6.21
100	6.95	7.69	8.43	9.18	9.93	10.69	11.46	12.24	13.03	13.84
200	14.66	15.48	16.30	17.12	17.95	18.76	19.59	20.42	21.24	22.07
300	22.90	23.74	24.59	25.44	26.30	27.15	28.01	28.88	29.75	30.61
400	31.48	32.34	33.21	34.07	34.94	35.81	36.67	37.54	38.41	38.28
500	40.15	41.02	41.90	42.78	43.67	44.55	45.44	46.33	47.22	48.11
600	49.01	49.89	50.76	51.64	52.51	53.39	54.26	55.12	56.00	56.87
700	57.74	58.57	59.47	60.33	61.20	62.06	62.92	63.78	64.64	65.50
800	66.6									

注：参考端为 0℃。

三、仪器与试剂

1. 仪器

加热电炉，双孔绝缘小瓷管（孔径约 1mm），程序控温仪，双笔自动平衡记录仪，沸点测定仪，镍铬-镍硅铠装热电偶（$\phi 0.3$mm），冰水浴。

2. 试剂

铅（化学纯），锡（化学纯），α-Al_2O_3（分析纯），$CuSO_4 \cdot 5H_2O$（分析纯），镍铬丝（$\phi 0.5$mm），镍硅丝（$\phi 0.5$mm）。

四、实验步骤

1. 热电偶的制备和标定

（1）热电偶的制备方法

取一段长约 60cm 的镍铬丝，用小瓷管穿好。在其两端大约 5mm 处分别与两段长各 50cm 的考铜丝紧密扭合在一起。把扭合的部分稍微加热立即蘸上少许硼砂粉。用小火加热，使硼砂熔化并形成玻璃态。然后放在电弧焰或其他高温焰小心烧结至形成一个光滑的小珠（注意温度控制及操作安全）。将硼砂玻璃层除去并退火。为绝缘起见，使用时常将热电偶套在较细的硬质玻璃管中，管内再注入少量硅油以改善导热性能。

（2）铅、锡凝固点的测定

将图 5-4 中的样品保持器用一个带宽肩的玻璃样品管替代。管中放入金属铅 100g 或金属锡 80g，并覆盖上一层石墨粉。将热电偶的一端确定为热端，将其置于硅油玻璃套管后插入宽肩样品管中。另一端如图插入冰水浴作为参考端。冷、热端的引出线接于记录温度 T 的记录仪笔 2 输入端，量程置于 20mV，并校正好零点和满量程。控制炉温，使其比待测样品熔点高出 50℃ 左右，随即让加热炉缓慢冷却。冷却速度以 $6\sim8$℃·min^{-1} 为宜，直至凝固点以下 50℃ 为止。记录纸上将完整地绘出温度随时间变化的全过程。冷却曲线的平台部分对应于样品的凝固点。

（3）水的沸点

沸点测定仪的构造和使用方法参见实验 4。将热电偶热端替代水银温度计插于气液两相会合处，测定水的沸点。记录仪上将出现一条平滑直线，其热电势对应于水的沸点。

（4）水的凝固点

将热端与冷端同时置于 0℃ 的冰水浴中，在记录仪上同样将出现一直条线。这时的电势差为 0mV。

2. 差热分析曲线的绘制

① 称取 $CuSO_4 \cdot 5H_2O$ 约 0.7g 和 α-Al_2O_3 约 0.5g 混合均匀，装入样品保持器左侧孔中。右孔装入 1.2~1.4g 的 α-Al_2O_3，使参比物高度与样品高度大致相同。将热电偶洗净、烘干，直接插入样品和参比物中。注意两热电偶插入的位置和深度。按图 5-4 将仪器连接好。升温速率控制为 10℃·min^{-1}。最高温度可设定在 450℃。记录温度差的笔 1 量程为 2mV。打开电源，在记录仪上将出现温度和温差随时间变化的两条曲线。详细记录各测定条件。

② 重复上述实验，加热电炉升温速率改为 5℃·min^{-1}。

③ 按操作规程关闭仪器。

五、实验结果处理

1. 示温热电偶工作曲线。以铅、锡凝固点、水的沸点和冰点对其在记录纸上的相应读数作图，即得该热电偶的温度-读数工作曲线。

2. 试从原始记录纸上选取若干数据点，作以 ΔT 对 T 表示的差热分析曲线。

3. 指明样品脱水过程出现热效应的次数、各峰的外推起始温度 T_e 和峰顶温度 T_p。粗略估算各个峰的面积。从峰的重叠情况和 T_e、T_p 数值讨论升温速率对差热分析曲线的影响。

4. 文献结果

（1）图 5-5 为 $CuSO_4 \cdot 5H_2O$ 受热脱水过程的差热分析曲线。其实验操作条件如下：以 α-Al_2O_3 作为参比物，样品量 50mg，静态空气，升温速率为 10℃·min^{-1}。

（2）各个峰的温度，文献数据相差较大。有人报道，$CuSO_4 \cdot 5H_2O$ 样品在加热过程中，共有 7 个吸收峰，它们的外延起始温度及相应产物分别为：①48℃，$CuSO_4 \cdot 3H_2O$；②99℃，$CuSO_4 \cdot H_2O$；③218℃，$CuSO_4$；④685℃，Cu_2OSO_4；⑤753℃，CuO；⑥1032℃，Cu_2O；⑦1135℃，液体 Cu_2O。

（3）工作曲线所需相变点温度见表 5-2。

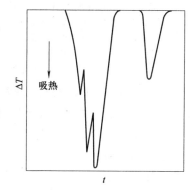

图 5-5　$CuSO_4 \cdot 5H_2O$ 差热分析曲线[3]

六、注意事项

1. 差热分析已被广泛应用于材料的组成、结构和性能鉴定以及物质的热性质研究等方面。利用热能活化促使样品发生变化来对物质进行研究是热分析的特点之一。它可以在较宽的温度区间内对一种物质进行快速的研究。尽管其实验条件与热力学平衡状态相去甚远，但在一定的操作条件下，它仍是一个有效而可靠的研究手段。热动力学方法的发展更为差热分析开辟了更广阔的应用研究领域。差热分析技术较为简便，但在某些领域它有被示差扫描量热法取代的趋势。

表 5-2　IPTS-90（1990 年国际温标）定义固定点

序号	温度		物质[1]	状态[2]	$W_r(T_{90})$
	T_{90}/K	$t_{90}/℃$			
1	3～5	−270.15～−268.15	He	V	
2	13.8033	−259.346	e-H_2	T	0.00119007
3	约 17	约−256.15	e-H_2（或 He）	V（或 G）	
4	约 20.3	约−252.85	e-H_2（或 He）	V（或 G）	
5	24.5561	−248.5939	Ne	T	0.00844974
6	54.3584	−218.7961	O_2	T	0.09171804
7	83.8058	−189.3442	Ar	T	0.21585975
8	234.3156	−38.8344	Hg	T	0.84414211
9	273.16	0.01	H_2O	T	1.00000000
10	302.9146	29.7646	Ga	M	1.11813889
11	429.7485	156.5985	In	F	1.60980185
12	505.078	231.928	Sn	F	1.89279768
13	692.677	419.527	Zn	F	2.56891730
14	933.473	660.323	Al	F	3.37600860
15	1234.93	961.78	Ag	F	4.28642053
16	1337.33	1064.18	Au	F	
17	1357.77	1084.62	Cu	F	

[1] 除 ^{3}He 外，其他物质均为自然同位素元素。e-H_2 为正、仲分子态处于平衡浓度时的氢。
[2] 对于这些不同状态的定义，以及有关复现这些不同状态的建议，可参阅"IPTS-90 补充资料"。
注：表中各符号的含义为：V—蒸气压点；T—三相点，在此温度下，固、液和蒸气相呈平衡；G—气体温度计点；M，F—熔点和凝固点，在 100kPa 压力下固、液相的平衡温度。
T_{90}—根据 IPTS-90 定义的国际开氏温度；
t_{90}—根据 IPTS-90 定义的国际摄氏温度；
$W_r(T_{90})$—IPTS-90 国际温标的特定参考函数。

2. $CuSO_4 \cdot 5H_2O$ 的脱水过程具有典型意义，它包括了脱结晶水可能存在的各种特性：多步脱水；机理可能随实验条件而改变；可形成无定形的中间产物；原始样品和中向产物都可能有非化学比的组成。例如，存在着 5.07、5.00、4.88、3.02、2.98、1.01 等不同数目结晶水的化合物。

另外，$CuSO_4 \cdot 5H_2O$ 又有其特殊性，其脱水可分为三个步骤四个热效应。

七、思考题

1. 试从物质的热容解释图 5-2（b）的基线漂移。
2. 根据无机化学知识和差热峰的面积讨论五个结晶水与 $CuSO_4$ 结合的可能形式。

实验 6　过氧化氢催化分解反应速率常数的测定

一、实验目的

1. 测定过氧化氢分解反应速率常数及半衰期。
2. 测定一级反应的特点，了解反应物浓度、温度及催化剂对一级反应的影响。

二、实验原理

过氧化氢的分解反应为

$$H_2O_2 \longrightarrow H_2O + \frac{1}{2}O_2$$

该反应为一级反应，速率方程可表示为

$$-\frac{dc_A}{dt} = kc_A \tag{6-1}$$

将式（6-1）积分可得

$$\ln c_A = \ln c_{A,0} - kt \tag{6-2}$$

式中，$c_{A,0}$ 为过氧化氢的初始浓度；c_A 为反应 t 时刻过氧化氢的浓度。

由过氧化氢的分解反应可以看出，在温度和压力保持不变的情况下，过氧化氢的分解速率和氧气的生成速率具有线性关系。因此，本实验可采用物理法，通过测定不同时刻生成的氧气的体积来代替过氧化氢的浓度，进而求出速率常数。

设反应 t 时刻氧气的体积为 V_t，反应进行完全时得到氧气的体积为 V_∞，则有 $c_{A,0} \propto V_\infty$，$c_A \propto (V_\infty - V_t)$，代入式（6-2）中可得

$$\ln(V_\infty - V_t) = \ln V_\infty - kt \tag{6-3}$$

根据式(6-3)，以 $\ln(V_\infty - V_t)$ 对 t 作图可得一直线，直线斜率的负值即为过氧化氢分解反应的速率常数。

过氧化氢在常温常压下分解缓慢，一旦加入催化剂，可大大加快反应的进行。常用的催化剂有 Ag、Pt、MnO_2、KI、$FeCl_3$ 等。本实验用水热合成的纳米 $CuFe_2O_4$ 作催化剂，在碱性条件下，该化合物对过氧化氢的分解具有较高的催化活性。

过氧化氢的半衰期 $t_{1/2}$ 可由公式 $t_{1/2} = \dfrac{\ln 2}{k}$ 计算得到。

三、仪器与试剂

1. 仪器

压力反应釜，XRD 射线衍射仪，烘箱，电动搅拌器，抽滤瓶，布氏漏斗，天平，磁力搅拌器，秒表，移液管（20mL、10mL、5mL），锥形瓶（100mL），酸式滴定管（50mL），烧杯（50mL、100mL、250mL）。

2. 试剂

$CuSO_4 \cdot 5H_2O$，$FeCl_3 \cdot 6H_2O$，NaAc，聚乙烯吡咯烷酮（PVP），乙二醇，$1mol \cdot L^{-1}$ 的

KOH 溶液，2% H_2O_2 溶液，$0.04mol \cdot L^{-1} KMnO_4$ 标准溶液，$3mol \cdot L^{-1} H_2SO_4$ 溶液。

四、实验步骤

1. 水热合成纳米 $CuFe_2O_4$

首先将 1.0g PVP 溶解于 40mL 乙二醇中，形成 PVP 的乙二醇溶液。然后向上述溶液中依次加入 2.5mmol $CuSO_4$、5.0mmol $FeCl_3$ 和 30mmol NaAc，搅拌 1h 后转移至 50mL 聚四氟乙烯内衬中，在 200℃下反应 8h。反应结束后用蒸馏水和乙醇洗涤、抽滤并在 60℃下烘干 10h 得样品。

2. 安装仪器装置

如图 6-1 所示，安装好仪器装置，水位瓶中装入红色染料水，其水量要使水位瓶提起时，量气管和水位瓶中的水面能同时到达量气管的最高刻度处。

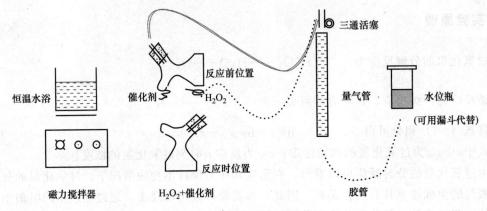

图 6-1 过氧化氢分解实验装置

3. 检查装置的气密性

旋转三通活塞使量气管与大气相通，举高水准瓶，使液体充满量气管。然后旋紧叉形反应器的橡胶塞，通过反复调整水准瓶和活塞到合适的位置，让反应体系和量气管相通而与大气隔绝的情况下，量气管内液面的位置在满刻度附近。读取量气管液面对应的读数。然后把水准瓶放在较低的位置，若量气管中的液面仅在初始有下降，而在随后 2min 内保持不变，表示系统不漏气；否则应找出系统漏气的原因，并设法排除之。

注意：量气管读数时务必使水准瓶内液面和量气管内液面处于同一水平。

4. V_t 的测定

（1）反应前

在"反应前位置"反应瓶的两个支管处分别移入 $1mol \cdot L^{-1}$ 的 KOH 溶液 10mL、2% H_2O_2 溶液 30mL，并称取 10mg $CuFe_2O_4$ 粉末，注入叉形反应器 KOH 溶液所在支管内，塞紧瓶塞。

旋转三通活塞，使量气管与大气相通，调节水位瓶的位置至量气管和水位瓶水位都在最高刻度处；将水位固定在此位置作测定起点；旋转三通活塞，使反应瓶与量气管相通（不能与大气相通）。

（2）反应时

开启磁力搅拌器，并同时将反应瓶扶正至"反应时位置"，使反应液与催化剂充分混合，以此时作记录时间的零时间。量气管内 O_2 体积以等时间间隔读取一次,量气管读数与零时刻读数之差即为等压下 H_2O_2 分解所放出 O_2 的体积。

注意:反应过程中不断调节水位瓶高低,保持水位瓶与量气管中水平面一致。若温度高,反应速率快,读取时间间隔宜为 0.5min;若温度低,反应慢,宜以 1min 为准。室温在 10℃ 以下时则可每增 5mL 时记录一次时间 t。最后都要测至量气管中 O_2 的体积增加到 40mL 为止。

5. 测定 H_2O_2 分解速率

按照表 6-1 H_2O_2 的浓度,重复上述步骤,测定 H_2O_2 分解速率。改变温度,重复表 6-1 中编号 1 实验,测定 H_2O_2 分解速率。

表 6-1　浓度对反应速率的影响

	实验编号	1	2	3	4	5
试剂用量	2% H_2O_2/mL	30	10	5	30	30
	纳米 $CuFe_2O_4$/mg	10	10	10	15	20
	1mol·L^{-1}KOH/mL	10	10	10	10	10
	H_2O/mL	0	20	25	0	0

6. V_∞ 的测定

V_∞ 可根据 H_2O_2 的浓度和体积算出。在酸性溶液中,H_2O_2 与 $KMnO_4$ 按下式反应:

$$5H_2O_2 + 2KMnO_4 + 3H_2SO_4 \longrightarrow 2MnSO_4 + K_2SO_4 + 8H_2O + 5O_2 \tag{6-4}$$

移取 5mL 2% H_2O_2 溶液于锥形瓶中,加 3mol·L^{-1} H_2SO_4 10mL,用 0.05mol·L^{-1} $KMnO_4$ 标准溶液滴定至粉红色,30s 不褪色即为滴定终点。读取消耗 $KMnO_4$ 标准溶液的体积。重复三次,取平均值。

根据滴定所用 $KMnO_4$ 标准溶液的体积,即可求得 H_2O_2 的原始浓度,继而可求得 V_∞,利用气体状态方程换算成实验条件下氧气的体积。

五、实验数据记录与处理

1. 实验数据的校正

(1) V_t 的校正

由于反应体系有水存在,故测量的氧气体积中有水蒸气存在,因此需要校正,扣除水蒸气。校正公示为:

$$V_{校正} = V_{测量} \left(1 - \frac{p_{水汽}}{p_{大气}} \right)$$

(2) V_∞ 的校正

实验中 V_∞ 利用化学分析法实验步骤 7 测定,然后根据滴定反应(6-4)求出过氧化氢的起始浓度,再求出所用过氧化氢按式(6-1)完全分解时产生 O_2 的物质的量,根据理想气体状态方程就可以计算出 V_∞,即

$$V_\infty = \frac{n_{O_2}RT}{p_{大气} - p_{H_2O}^*} \tag{6-5}$$

式中,$p_{大气}$ 为大气压;$p_{H_2O}^*$ 为实验温度下水的饱和蒸气压;T 为实验温度;R 为气体常数。

2. 记录反应不同时刻 t 放出氧气的体积 V，用加热法求得 V_∞。

3. 以 $\ln(V_\infty - V)$ 对 t 作图，从直线斜率（$-k$）求得 H_2O_2 分解反应的速率常数 k（见表 6-2）。

表 6-2　数据处理示例

$T=$＿＿ K；气压＿＿ Pa；$c(H_2O_2)=$＿＿ $mol \cdot L^{-1}$；$c(KI)=$＿＿ $mol \cdot L^{-1}$；$V_\infty=$＿＿ mL（校正）

t/s	V_t/mL	V_t（校正）$/mL$	$(V_\infty - V_t)/mL$	$\ln(V_\infty - V_t)$

4. 根据 k 值计算过氧化氢分解反应的半衰期。

5. 根据不同温度下的速率常数，以 $\ln k$ 对 $\dfrac{1}{T}$ 作图，从其斜率 $-\dfrac{E_a}{R}$ 求得反应的表观活化能 E_a。

6. 由不同浓度 H_2O_2、不同催化剂用量、不同温度所得的速率常数，讨论反应物、催化剂浓度（或温度）对反应速率的影响。

六、思考题

1. 读取氧气体积时，为什么要求量气管及水准瓶中液面相齐？

2. 反应的速率常数与哪些因素有关？

实验 7 茜素红 S 催化动力学光度法测定微量铜

一、实验目的

1. 学习催化动力学光度法测定微量铜的原理和方法。
2. 进一步熟悉分光光度计的操作。

二、实验原理

铜是人体必需微量元素之一，对维持正常生命活动发挥着重要的作用。正常成人体内含铜总量为 $100\sim200mg$，主要存在于腱肉、骨骼、肝和血液中。当人体铜摄入量不足时可引起铜缺乏症，如白癜风、少白头等。但铜摄入过量又会造成中毒，包括急性铜中毒、肝豆状核变性等病。人体摄取的铜主要来自食品和饮用水，因此，研究茶叶和水样中痕量铜的测定，具有一定的实际意义。由于催化动力学光度法具有灵敏度高、检出限低、选择性好、方法简单等优点，近年来采用催化动力学光度法测定痕量铜的研究颇为活跃，国内外已有不少报道。本实验采用茜素红 S 催化动力学光度法测定微量铜。

在无催化剂的条件下，茜素红 S 与 H_2O_2 发生的氧化还原反应进行缓慢，茜素红 S 溶液褪色不明显。当加入微量 $Cu(II)$ 后，茜素红 S 溶液的褪色加快，催化体系和非催化体系的吸光度差异明显。进一步加入邻菲啰啉作活化剂后，催化体系和非催化体系的吸光度对比更加明显。因此，在 pH 值为 5.0 的柠檬酸-柠檬酸钠缓冲介质中，以邻菲啰啉为活化剂，由微量 $Cu(II)$ 对 H_2O_2 氧化茜素红 S 褪色反应的催化作用而建立的测定微量 $Cu(II)$ 的催化动力学光度法，能应用于废水及茶叶中微量铜的测定。

当允许相对误差在 $+5\%$ 以下时，下列共存离子（倍量）不干扰测定：K^+、Na^+、Ca^{2+}、NO_3^-、F^-、Cl^-、NH_4^+（1000）、Mg^{2+}（500）、I^-、Al^{3+}（250）、Pb^{2+}、Ba^{2+}、Ni^{2+}、Cd^{2+}、Cr^{3+}（100）、Mo^{6+}、$Cr_2O_7^{2-}$（50）、Fe^{3+}（10）。其中，Fe^{3+} 存在较大的干扰，通过加入少量磷酸钠，100 倍量的 Fe^{3+} 不干扰测定。

三、仪器与试剂

1. 仪器

分光光度计，电热恒温水槽。

2. 试剂

$Cu(II)$ 标准溶液：先配制 $100\mu g \cdot mL^{-1}$ 储备液，使用时再稀释成 $10\mu g \cdot mL^{-1}$ 工作液，茜素红 S 溶液（$2.0\times10^{-3}mol \cdot L^{-1}$），$H_2O_2$ 溶液（$90g \cdot L^{-1}$）：即配即用，邻菲啰啉溶液（$3.0\times10^{-3}mol \cdot L^{-1}$），柠檬酸-柠檬酸钠缓冲溶液（pH5.0），EDTA 溶液（$0.05mol \cdot L^{-1}$）。

四、实验步骤

1. 标准曲线的制作

于 6 支 10mL 比色管中分别依次加入 0.6mL $2.0 \times 10^{-3} \text{mol} \cdot \text{L}^{-1}$ 茜素红 S 溶液、2.2mL pH5.0 的柠檬酸-柠檬酸钠缓冲溶液、0.8mL $3.0 \times 10^{-3} \text{mol} \cdot \text{L}^{-1}$ 邻菲啰啉溶液、0.9mL $90\text{g} \cdot \text{L}^{-1}$ H_2O_2 溶液，然后再分别加入 0.00mL、0.20mL、0.40mL、0.80mL、1.00mL、1.20mL 的 $1000\mu\text{g} \cdot \text{mL}^{-1}$ Cu(II) 工作液，摇匀，稀释至刻度。于 90℃ 恒温水浴中加热 15min。取出，用冰水冷却 10min 后，向每支比色管中加入 0.20mL $0.05\text{mol} \cdot \text{L}^{-1}$ EDTA 溶液。用 1cm 比色皿，于波长 423nm 处，以蒸馏水作参比溶液，分别测定催化反应溶液和非催化反应溶液的吸光度 A 和 A_0，计算 $\lg(A_0/A)$ 值。绘制 $\lg(A_0/A)$ 与 Cu(II) 浓度的工作曲线。

2. 废水中铜的测定

取一定量水样（含铜小于 $8\mu\text{g}$）分别于 6 支 10mL 比色管中，各依次加入 0.6mL $2.0 \times 10^{-3} \text{mol} \cdot \text{L}^{-1}$ 茜素红 S 溶液、2.2mL pH5.0 的柠檬酸-柠檬酸钠缓冲溶液、0.8mL $3.0 \times 10^{-3} \text{mol} \cdot \text{L}^{-1}$ 邻菲啰啉溶液、0.9mL $90\text{g} \cdot \text{L}^{-1}$ H_2O_2 溶液，摇匀，用蒸馏水稀释至刻度。于 90℃ 恒温水浴中加热 15min。取出，用冰水冷却 10min 后，向每支比色管中加入 0.20mL $0.05\text{mol} \cdot \text{L}^{-1}$ EDTA 溶液。用 1cm 比色皿，于波长 423nm 处，以蒸馏水作参比溶液，分别测定催化反应溶液和非催化反应溶液的吸光度 A 和 A_0，计算 $\lg(A_0/A)$ 值，数据记录到表 7-1 中。通过制作的工作曲线，计算废水中铜的含量（$\text{mg} \cdot \text{mL}^{-1}$）。

五、实验数据记录表格

表 7-1　标准曲线的绘制及废水中铜的测定

编号	1	2	3	4	5	6	废水试样
铜的质量浓度/$\text{mg} \cdot \text{mL}^{-1}$							
吸光度 A_0							
吸光度 A							
$\lg(A_0/A)$							

六、思考题

1. 试述本实验测定铜的基本原理。

2. 分光光度法中测定波长的选取原则是什么？本实验中，如何选择测定波长？

3. 本实验中，各种试剂的加入顺序是否可以任意改变，如何确定？

实验 8　甘氨酸铜螯合物的制备及表征

一、实验目的

1. 根据文献综述氨基酸微量元素螯合物的制备方法。
2. 掌握有机溶剂沉淀法制备甘氨酸铜螯合物的方法。
3. 熟悉红外光谱仪的使用方法。

二、实验原理

氨基酸和微量元素都是生物体必需的营养要素。氨基酸是构成蛋白质的基本结构单元，如甘氨酸、天冬氨酸和赖氨酸都属于生命体必需的天然氨基酸；微量元素直接或间接地参与机体几乎所有的生理和生化功能，对生命活动起着极为重要的作用。氨基酸微量元素螯合物是目前研制的新一代营养制剂，既能充分满足生命体对微量元素的需要，又能达到补充氨基酸的双重功效。

水溶液中甘氨酸和铜盐反应能生成具有五元环稳定结构的螯合物。由于甘氨酸铜螯合物在乙醇等有机溶剂中的溶解度极小，因此在其水溶液中加入有机溶剂就能将螯合物沉淀分离，从而可制得高纯度的甘氨酸铜螯合物。

由于甘氨酸上的氨基和羧基参与配位与金属离子形成了螯合物，导致其在红外光谱上的特征吸收峰发生了移动。因此，比较甘氨酸和甘氨酸铜螯合物的红外光谱变化，可进一步确证螯合物的生成。

三、仪器与试剂

1. 仪器

傅里叶变换红外光谱仪，磁力搅拌器，恒温水浴锅，真空泵，布氏漏斗，抽滤瓶，烘箱。

2. 试剂

甘氨酸（A.R.），$CuSO_4 \cdot 5H_2O$(A.R.)，无水乙醇（A.R.），茚三酮（A.R.）。

四、实验步骤

1. 甘氨酸铜螯合物的制备

将甘氨酸 5g、硫酸铜 2.5g、水 250mL 加入 400mL 烧杯中，搅拌下溶解，用 NaOH 调节体系的 pH 值在 6.5 左右，于 70～80℃水浴中反应 1h 左右。冷却后加入无水乙醇 50mL，有深蓝色沉淀生成。将沉淀过滤，用无水乙醇洗涤。105℃烘箱中干燥，得深蓝色粉末状的甘氨酸铜螯合物。

2. 螯合物的初步鉴定

甘氨酸、硫酸铜及甘氨酸铜螯合物的茚三酮反应。

3. 螯合物的红外光谱分析

甘氨酸和甘氨酸铜螯合物的 IR 光谱比较。

五、实验结果处理

1. 根据甘氨酸、硫酸铜及甘氨酸铜螯合物的茚三酮反应现象，分析不同显色结果的原因，确认螯合物的生成。

2. 根据甘氨酸和甘氨酸铜螯合物的 IR 光谱图，比较两者氨基和羧基特征吸收峰的位置，说明产生位移的原因，进一步确认螯合物的生成。

实验 9　配合物键合异构体的制备及红外光谱测定

一、实验目的

1. 通过 $[Co(NH_3)_5NO_2]Cl_2$ 和 $[Co(NH_3)_5ONO]Cl_2$ 的制备，了解配合物的键合异构现象。

2. 利用配合物的红外光谱图鉴别这两种不同的键合异构体。

二、实验原理

键合异构体是配合物异构现象中的一个重要类型。配合物的键合异构体是由同一个配体，通过不同配位原子与中心原子配位而形成的多种配合物。在这类配合物中，配合物的化学式相同，中心原子与配体及配位数也相同，只是与中心原子键合的配体的配位原子不同。如本实验中合成的 $[Co(NH_3)_5NO_2]Cl_2$ 和 $[Co(NH_3)_5ONO]Cl_2$ 就是一例。当亚硝酸根通过氧原子跟中心原子配位（M←ONO）时称为亚硝基配合物；而以氮原子与中心原子配位（M←NO_2）时形成的配合物叫硝基配合物。

红外光谱法是测定配合物键合异构体的有效方法。分子或基团的振动导致相结合原子间的偶极矩发生改变时，它就可以吸收相应频率的红外辐射而产生对应的红外吸收光谱。分子或基团内键合原子间的特征吸收频率 ν 受原子质量和键的力常数等因素影响，可表示为：

$$\nu = \frac{1}{2}\pi(k/\mu)^{1/2}$$

式中，ν 为频率；k 为基团的化学键力常数；μ 为基团中成键原子的折合质量，$\mu = m_1m_2/(m_1+m_2)$，m_1 和 m_2 分别为相键合的两原子的各自的原子量。由上式可知，基团的化学键力常数 k 越大，折合质量 μ 越小，则基团的特征频率就越高，反之，基团的力常数 k 越小，折合质量 μ 越大，则基团的特征频率就越低。当基团与金属离子形成配合物时，由于配位键的形成不仅引起了金属离子与配位原子之间的振动（称配合物的骨架振动），而且还将影响配体内原来基团的特征频率。配合物的骨架振动直接反映了配位键的特性和强度，这样就可以通过骨架振动的测定直接研究配合物的配位键性质。但是，由于配合物中心原子的质量都比较大，即 μ 值一般都大，而且配位键的键力常数比较小，即 k 值比较小，因此，这种配位键的振动频率都很低，一般出现在 $200\sim500cm^{-1}$ 的低频范围，这对研究配位键带来很多的困难。然而由于配合物的形成，配体中的配位原子与中心原子的配位作用会改变整个配体的对称性和配体中的某些原子的电子云分布，同时还可能使配体的构型发生变化，这些因素都能引起配体特征频率的变化。利用这些变化所引起的配位体特征频率的变化所得到的红外光谱图，便可研究配位键的性质。

本实验是通过测定 $[Co(NH_3)_5NO_2]Cl_2$ 和 $[Co(NH_3)_5ONO]Cl_2$ 配合物的红外光

谱，利用它们的谱图识别哪一个是通过氮原子配位的硝基配合物，哪一个是通过氧原子配位的亚硝酸根配合物。亚硝酸根（NO_2^-）中的 N 或 O 原子与 Co^{3+} 配位时，对 N—O 键特征频率的影响是不同的，当 NO_2^- 以 N 原子配位形成 $Co^{3+} \leftarrow NO_2$ 时，由于 N 给出电荷，使 N—O 键力常数减弱，因为 NO_2^- 本身结构是对称的，两个 N—O 键是等价的，则两个 N—O 键力常数的减弱是平均分配的，由于键力常数的减弱，使得 N—O 键的伸缩振动频率降低，在 1428cm^{-1} 左右出现特征吸收峰；当 NO_2^- 以 O 原子配位形成时，两个 N—O 键不等价，配位的 O—N 键力常数减弱，其特征吸收峰出现在 1065cm^{-1} 附近，而另一个没有配位的 O—N 键力常数用 N 配位时 N—O 键力常数大，故在 1468cm^{-1} 出现特征吸收峰。所以一旦确定了两个配合物红外谱图上的 N—O 特征峰，就可以很容易地断定出 N—O 键伸缩振动频率最高的一个配合物是 $[Co(NH_3)_5ONO]Cl_2$，另一个则是 $[Co(NH_3)_5NO_2]Cl_2$，其 N—O 键的伸缩振动频率小。用比较法可断定 IR 图上哪些峰与哪些基团有关。例如 $[Co(NH_3)_5Cl]Cl_2$ 的 IR 图上有 4 个峰，既然配位键的特征吸收峰一般在远红外区 200～500cm^{-1} 之间，就可以认为 $[Co(NH_3)_5NO_2]Cl_2$ 的 IR 图上 600～4000cm^{-1} 之间的峰为 N—H 引起的。比较 $[Co(NH_3)_5Cl]Cl_2$ 与 $[Co(NH_3)_5NO_2]Cl_2$、$[Co(NH_3)_5ONO]Cl_2$ 的 IR 图可知，它们共有的峰为 N—H 引起的，多的峰即为 N—O 引起的，其中有一个 N—O 吸收峰值大的（在 1468cm^{-1} 处）IR 图谱一定是 $[Co(NH_3)_5ONO]Cl_2$ 的图谱。

三、仪器与试剂

1. 仪器

红外分光光度计，烧杯（250mL），烧杯（100mL），布氏漏斗，吸滤瓶（250mL），温度计（−20～150℃），循环水流抽气泵，量筒（50mL），长颈漏斗，电位滴定仪。

2. 试剂

氨水，乙醇，盐酸，丙酮，亚硝酸钠，氯化铵，30％H_2O_2，pH 试纸，$CoCl_2 \cdot 6H_2O$，硝酸银，EDTA。

四、实验步骤

1. $[Co(NH_3)_5Cl]Cl_2$ 的制备

称取 4.2g NH_4Cl 固体于 250mL 烧杯内，加入 25mL 浓氨水使之溶解，在不断搅拌下，将 8.5g 研细的 $CoCl_2 \cdot 6H_2O$ 分若干次加到上述溶液中（应在前一份钴盐溶解后再加入下一份），黄红色的 $[Co(NH_3)_6]Cl_2$ 晶体从溶液中析出，同时放出热量（以下操作应在通风橱中进行）。在不断搅拌下，慢慢滴入 7mL 30％ H_2O_2，反应结束时生成深红色 $[Co(NH_3)_5H_2O]Cl_3$ 溶液。再向此溶液中慢慢注入 25mL 浓盐酸。在注入 HCl 过程中，反应的温度上升，并有紫红色沉淀 $[Co(NH_3)_5Cl]Cl_2$ 产生。将反应后的混合物放在蒸汽浴上加热 15min，冷却到室温，吸滤，用总量为 20mL 冰冷的水洗涤沉淀数次，然后用等体积冰冷的 6mol·L^{-1} HCl 洗涤，再用少量无水乙醇洗涤一次，最后用丙酮洗涤一次，在 97～120℃下烘干 1～2h 或用红外灯干燥。

2. $[Co(NH_3)_5Cl]Cl_2$ 中氯的测定

由于 $[Co(NH_3)_5Cl]Cl_2$ 本身带有颜色，用一般化学分析方法很难判断滴定终点，因此，本实验采用电位滴定法测定氯离子含量。

（1）外界氯的测定

准确称取 0.2g 干燥过的试样于 100mL 烧杯中，加少量去离子水溶解，用 $0.1mol \cdot L^{-1}$ $AgNO_3$ 标准溶液滴定。记录不同 $AgNO_3$ 体积 V_{AgNO_3}（mL）及其相应的电位值（mV），以 V_{AgNO_3} 为横坐标，电位值为纵坐标作图。在滴定曲线上作两条与滴定曲线相切的平行线。两平行线的等分点与曲线的交点为曲线的拐点，对应的体积即为滴定至终点时所需的 $AgNO_3$ 滴定体积。平行测定 3 次，计算配合物中的外界氯含量。

注意：滴定时，每滴一定体积的 $AgNO_3$ 标准溶液后，搅拌约 1min，然后按下 pH 计的读数开关，读取相对应的电位值（mV）。开始滴定时可取点疏一些，每隔 2mL 或 1mL 取 1 个点，接近化学计量点（电位值有较大的突变）时，应取点密一些，每隔 0.2mL 或 0.1mL 取一个点；过了化学计量点以后（电位值变化不大了），取点又可疏一些。

（2）配位氯的测定

准确称取 0.2g 干燥过的试样于 100mL 烧杯中，加少量去离子水溶解，加入等物质的量的 EDTA 固体，小火加热，溶液由红色转化为紫色后，冷却。用 $0.1mol \cdot L^{-1}$ $AgNO_3$ 标准溶液滴定，记录不同 $AgNO_3$ 体积 V_{AgNO_3}（mL）及其相应的电位值（mV）。同上法计算终点时所需的 $AgNO_3$ 滴定体积，计算配合物中的总氯量，平行测定 3 次，扣除外界氯含量，即为配合物中配氯的含量。

3. 键合异构体(Ⅰ)的制备

在 15mL $2mol \cdot L^{-1}$ 的氨水中溶解 1.0g 的 $[Co(NH_3)_5Cl]Cl_2$，在水浴上加热使其充分溶解，过滤除去不溶物，滤液冷却后用 $4mol \cdot L^{-1}$ HCl 酸化到 pH 值为 3～4，加入 1.5g $NaNO_2$，加热使所生成的沉淀全部溶解，冷却溶液，在通风橱内向冷却的溶液中小心注入 15mL 浓盐酸，再用冰水冷却使结晶完全，滤出棕黄色晶体，用无水乙醇淋洗 2～3 次，晾干，记录产量。

4. 键合异构体(Ⅱ)的制备

在 25mL $4mol \cdot L^{-1}$ 的氨水中溶解 1.0g $[Co(NH_3)_5Cl]Cl_2$，水浴上加热溶解，待全部溶解并冷却后以 $4mol \cdot L^{-1}$ 的 HCl 中和至 pH＝5～6，冷却后加入 1.0g 亚硝酸钠，搅拌使其溶解，再在冰水中冷却，以 $4mol \cdot L^{-1}$ HCl 调整 pH＝4，即有橙红色的晶体析出。过滤晶体，并用冰冷却过的无水乙醇洗涤，在室温下干燥，记录产量。

二氯化亚硝基五氨合钴(Ⅲ)｛$[Co(NH_3)_5ONO]Cl_2$｝不稳定，容易转变为二氯化硝基五氨合钴(Ⅲ)｛$[Co(NH_3)_5NO_2]Cl_2$｝配合物。因此，制备得到的两种异构体应尽快进行红外光谱测定。

5. 键合异构体的红外光谱测定

当某一样品受到一束频率连续变化的红外线辐射时，分子将吸收某些频率作为能量消耗于各种化学键的伸缩振动或弯曲振动，此时透过的光线在吸收区自然将有所减弱，如果以透射的红外线强度对波数（或波长）作图，则将记录一条表示各个吸收带位置的吸收曲线，即为红外光谱图。

本实验是在 4000～700cm^{-1} 范围内，用 KBr 压片测定这两种异构体的红外光谱。

6. 标识红外光谱图

对照 $[Co(NH_3)_6]Cl_3$ 和 $Na_3[Co(NO_2)_6]$ 的标准谱图，对所测图谱的主要特征吸收峰进行标示及解释，写出两个异构体的结构式。

五、实验结果讨论

$[Co(NH_3)_5NO_2]$ Cl_2：ν_s 1300～1340cm^{-1}；ν_{as} 1360～1430cm^{-1}。

$[Co(NH_3)_5ONO]$ Cl_2：ν_{N-O} 1400～1500cm^{-1}；ν_{NO} 1000～1100cm^{-1}。

六、思考题

1. 制备二氯化一氯五氨合钴过程中水浴加热 60℃，并恒温 15min 的目的是什么？能否加热至沸？为什么要趁热过滤？为什么在滤液中要加入 10mL 浓 HCl 溶液？

2. 制备二氯化一氯五氨合钴过程中加过氧化氢、浓盐酸溶液各起什么作用？

3. 能否用热的稀 HCl 溶液洗涤产品，为什么？

实验 10　8-羟基喹啉铝配合物的合成与发光性质研究

一、实验目的

1. 用无机合成的方法制备 8-羟基喹啉铝二元配合物。
2. 用红外光谱、紫外光谱、荧光光谱等测定方法进行表征并了解其发光特性。

二、实验原理

具有特殊功能的有机材料薄膜在国际上被看作是 21 世纪技术革新的重要材料。有机电致发光器件（OLED）因其具有更高的发光颜色选择范围，并且具有大面积成膜的优越性而被誉为"二十一世纪的平板显示器"，是当今国际平板显示技术研究的热点之一。

8-羟基喹啉铝配合物是用于有机电致发光材料的金属配合物，是新一代照明和显示技术最有力的竞争者，相比于液晶显示技术，具有耗能低、主动发光、亮度高、对比度高、响应速度快、成膜性好、玻璃化温度高、合成工艺简单等优点。近 20 年来，有机电致发光材料和器件的研究工作取得了长足进步，其主要技术指标已经接近或达到实际应用的要求。

本实验合成的 8-羟基喹啉铝配合物（AlQ_3）是目前所报道的最好的电子传输材料之一。作为 OLED 基础材料的地位至今仍无法撼动，它几乎满足了 OLED 对发光材料的所有要求。

① 本身具有一定的电子传输能力；
② 可以真空蒸镀成致密的薄膜；
③ 具有较好的稳定性；

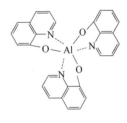

④ 具有较高的荧光量子效率，AlQ_3 固态薄膜的荧光发射峰在 $520 \sim 530nm$，是很好的绿光材料（结构式见图 10-1）。

由图 10-1 所示 AlQ_3 的化学分子结构看到，AlQ_3 是由金属铝离子（Al^{3+}）与三个 8-羟基喹啉（HQ）分子形成的金属有机螯合物，因而在干燥的环境中具有较强的稳定性，分解温度高。

图 10-1　AlQ_3 的化学分子结构

合成 AlQ_3 的基本原理是将 Al^{3+} 水溶液与 HQ 的阴离子结合，调节溶液的 pH 值使 AlQ_3 在最佳沉淀环境下析出。Al^{3+} 可选用硝酸铝或硫酸铝的水溶液，利用氢氧化钠或乙酸铵调节溶液的 pH 值。反应强烈程度依赖于反应介质的酸碱度。AlQ_3 完全沉淀的 pH 值为 $4.2 \sim 9.8$，反应方程式如下：

$$3HQ + Al^{3+} \xrightarrow{3OH^-} AlQ_3 \downarrow + 3H^+$$

若金属离子和配体没有发生配位反应，则配体的各红外光谱特征频率仍然不变。若发生反应，则其特征频率必然发生变化。

三、仪器与试剂

1. 仪器

荧光光谱仪，红外光谱仪，紫外光谱仪，真空干燥箱。

2. 试剂

HQ(8-羟基喹啉铝)，无水乙醇，$Al(NO_3)_3 \cdot 9H_2O$，DMF，NaOH。

四、实验步骤

1. 配合物的合成

称取 HQ(8-羟基喹啉铝)3.5g，溶于 50mL 无水乙醇中，搅拌至完全溶解（可适当加热）；称取 7.5g $Al(NO_3)_3 \cdot 9H_2O$ 溶于 100mL 去离子水中，将 2.7g NaOH 溶于 30mL 去离子水中。将 HQ 溶液倒入 $Al(NO_3)_3$ 溶液中充分搅拌，静置 15min 后，将 NaOH 溶液缓慢滴入该混合液中，看到有絮状沉淀析出。放置 24h 后减压过滤，用去离子水洗涤沉淀 8～10 次，产物置于真空干燥箱中，在 150℃下烘干即可得到 AlQ_3 样品。

2. 配合物的表征

配合物合成后，进行组成分析和红外光谱、紫外光谱、荧光光谱分析等表征。

（1）配合物的红外光谱测定

把制备的配合物和配体在相同条件下，测定红外光谱。比较基团的特征频率（见表 10-1），然后进行讨论。

表 10-1 AlQ_3 和 HQ 的特征频率

化合物	$\sigma_{C=N}/cm^{-1}$	$\sigma_{as,COO-}/cm^{-1}$	$\sigma_{s,COO-}/cm^{-1}$	$\sigma_{C=O}/cm^{-1}$	$\sum_{Al=O}/cm^{-1}$
AlO_3					
HQ					

（2）配合物的紫外光谱测定

以 DMF 为溶剂测定配体和配合物的紫外光谱（180～600nm），再根据配体和配合物的最大吸收峰的吸光度和浓度计算出相应的摩尔吸光系数（见表 10-2）。

表 10-2 AlQ_3 和 HQ 的吸收峰

化合物	浓度 /mol·L^{-1}	第一吸收峰			第二吸收峰		
		吸光度 A	λ_{max}/nm	ε_{max}/L·mol^{-1}·cm^{-1}	吸光度 A	λ_{max}/nm	ε_{max}/L·mol^{-1}·cm^{-1}
AlQ_3							
HQ							

（3）配合物的荧光光谱测定

光致发光光谱由荧光光谱仪测定，测试方法和紫外光谱类似，以紫外光谱最大吸收峰对应的波长为激发光源，进行荧光测试，该荧光发射峰在 520nm 左右，是极具应用价值的绿光材料。

五、思考题

1. 在配合物合成过程中应注意哪些问题？

2. HQ 含有芳香环，在紫外区有吸收，当形成配合物后谱带是否发生移动？强度有无改变？

3. 用红外光谱、紫外光谱、荧光光谱表征配合物的生成时应注意哪些问题？

第二部分

应用性综合实验分析方向

实验 11　洗衣粉中表面活性剂的分析

一、实验目的

1. 学习液-固萃取法从固体试样中分离表面活性剂的方法。
2. 学习表面活性剂的离子型鉴定方法。
3. 学习用红外光谱法和核磁共振法测定表面活性剂的结构。

二、实验原理

表面活性剂是一类非常重要的化工产品，它的应用几乎渗透到所有技术经济部门。世界上表面活性剂总产量的约 20％用于洗涤剂工业，它是洗涤剂中的主要活性成分之一，它的种类、含量直接影响洗涤剂的质量和成本。因此，本实验旨在通过洗衣粉中表面活性剂的分析，使学生初步了解表面活性剂的分离、分析方法。

1. 表面活性剂的分离

洗衣粉除了以表面活性剂为主要成分外，还加有三聚磷酸钠、纯碱、羧甲基纤维素等无机和有机助剂，以增强去污能力，防止织物的再污染等。因此要将表面活性剂与洗衣粉中的其他成分分离开来。通常采用的方法是液-固萃取法。可用索氏萃取器连续萃取，也可用回流方法萃取。萃取剂可视具体情况选用 95％乙醇、95％异丙醇、丙酮、氯仿或石油醚等。

2. 表面活性剂的离子型鉴定

表面活性剂的品种繁多，但按其在水中的离子形态，可分为离子型表面活性剂和非离子型表面活性剂两大类。前者又可以分为阴离子型、阳离子型和两性型三种。利用表面活性剂的离子型鉴别方法快速、简便地确定试样的离子类型，有利于限定范围，指示分离、分析的方向。

确定表面活性剂的离子型的方法很多，在此介绍最常用的酸性亚甲基蓝试验。染料亚甲基蓝溶于水而不溶于氯仿，它能与阴离子表面活性剂反应形成可溶于氯仿的蓝色配合物，从而使蓝色从水相转移到氯仿相。本法可以鉴定除皂类之外的其他广谱阴离子表面活性剂。非离子型表面活性剂不能使蓝色转移，但会使水相发生乳化；阳离子表面活性剂虽然也不能使蓝色从水相转移到氯仿相，但利用阴、阳离子表面活性剂的相互作用，可以用间接法鉴定。

3. 波谱分析法鉴定表面活性剂的结构

红外光谱、紫外光谱、核磁共振谱和质谱是有机化合物结构分析的主要工具。在表面活性剂的鉴定中，红外吸收光谱的作用尤为重要。这是因为表面活性剂中的主要官能团均在红外光谱中产生特征吸收，据此可以确定其类型，进一步借助于红外标准谱图可以确定其结构。表面活性剂的疏水基团通常有一个长链的烷基，该烷基的碳数不是单一的，而是具有一定分布的同系物。该烷基的碳数多少和分布的状况影响表面活性剂的性能。用红外光谱很难获得这方面的信息，而核磁共振谱测定比较有效。因为核磁共振氢谱中积分曲线高度比代表了分子中不同类型的氢原子数目之比，所以可用来测定表面活性剂疏水基团中碳链的平均长度。

三、仪器与试剂

1. 仪器

红外光谱仪，核磁共振谱仪，电子天平，红外灯，100mL 烧瓶，25mL 烧杯，5mL 带塞小试管，冷凝管，蒸馏头，接收管，沸石，水浴，研钵。

2. 试剂

95％乙醇，无水乙醇，四氯化碳，四甲基硅烷，亚甲基蓝试剂，氯仿，阴、阳离子和非离子表面活性剂对照液。

四、实验步骤

1. 表面活性剂的分离

① 取一定量的洗衣粉试样于研钵中研细。然后称取 2g 放入 100mL 烧瓶中，加入 30mL 乙醇。装好回流装置，打开冷却水，用水浴加热，回流 15min。

② 撤去水浴。在冷却后取下烧瓶，静置几分钟。待上层液体澄清后，将上层提取的清液转移到 100mL 烧瓶中（小心倾倒或用滴管吸出）。

③ 重新加入 20mL 95％的乙醇，重复上述回流和分离操作，两次提取液合并。

④ 在合并的提取液中放入几粒沸石，搭装好蒸馏装置。用水浴加热，将提取液中的乙醇蒸出，直至烧瓶中残余 1～2mL 为止。

⑤ 将烧瓶中的蒸馏残余物定量转移到干燥并已称量过的 25mL 烧杯中。

⑥ 将小烧杯置于红外灯下，烘去乙醇。称量并计算表面活性剂的百分含量。

2. 表面活性剂的离子型鉴定

(1) 已知试样的鉴定

① 阴离子表面活性剂的鉴定：取亚甲基蓝溶液和氯仿各约 1mL，置于一带塞的试管中，剧烈振荡，然后放置分层，氯仿层无色。将含量约 1％的阴离子表面活性剂试样逐滴加入其中，每加一滴剧烈振荡试管后静置分层，观察并记录现象，直至水相层无色，氯仿层呈深蓝色。

② 阳离子表面活性剂的鉴定：在上述试验的试管中，逐滴加入阳离子表面活性剂（含量约 1％），每加一滴剧烈振荡试管后静置分层，观察并记录两相的颜色变化，直至氯仿层的蓝色重新全部转移到水相。

③ 非离子表面活性剂的鉴定：另取一带塞的试管，依次加入亚甲基蓝溶液和氯仿各约

1mL，剧烈振荡，然后放置分层，氯仿层无色。将含量约 1% 的非离子表面活性剂试样逐滴加入其中。

（2）未知试样的鉴定

取少许从洗衣粉中提取的表面活性剂，溶于 2～3mL 蒸馏水中，按上述办法进行鉴定和判别其离子类型。

取适量（约 10mg）洗衣粉溶于 5mL 蒸馏水中作为试样，重复上述操作，观察和记录现象，以考察洗衣粉中的其他助剂对此鉴定是否有干扰。

3. 表面活性剂的结构鉴定

（1）红外光谱测定

按照所用红外光谱仪的操作规程打开和调试好仪器。用液膜法制样测定其红外光谱。在谱图上标出主要吸收峰的归属。

制样方法：用几滴无水乙醇将小烧杯中的试样（提取物）溶解，将试样的浓溶液滴在打磨透明的溴化钾盐片上，置于红外灯下烘去乙醇。

（2）核磁共振氢谱的测定

按照所使用的核磁共振仪的操作规程调试好仪器，并测 ^1H NMR 谱。

配制样品的方法：在烘去溶剂的试样（提取物）中加入约 1mL 的四氯化碳，搅拌使其充分溶解。小心地将溶液转移到核磁样品管（直径为 5mm）中，溶液高度约为 30mm，然后滴加 2～3 滴 TMS（四甲基硅烷）的四氯化碳溶液。盖好盖子，振荡，使其混合均匀。

（3）谱图解析

红外吸收峰的归属和核磁共振信息分别见表 11-1 和表 11-2。

表 11-1　红外吸收峰的归属

峰号	峰位置/cm^{-1}	峰强度①	对应官能团
1			
2			
3			

① 峰强度可用符号 s—强 m—中强，w—弱表示。

表 11-2　核磁共振谱信息

峰号	化学位移	积分线高度	质子数	偶合裂分	结构信息
1					
2					
3					

根据已确定的离子类型以及红外、核磁共振谱图提供的信息，通过查阅资料推测其可能结构，然后查阅红外标准谱图验证。

五、思考题

1. 为什么用回流法进行液-固萃取时，烧瓶内可不加沸石？蒸馏时是否也可以不加沸石？

2. 本实验是否可用索氏萃取器提取洗衣粉中的表面活性剂？试将回流法与其作比较。

3. 本实验中，红外光谱制样时为什么要用无水乙醇作溶剂？用 95% 乙醇行不行？

4. 在核磁共振氢谱的测定中，加四甲基硅烷（TMS）的作用是什么？

六、附录：常见表面活性剂的红外特征吸收

表面活性剂由疏水基和亲水基两大部分组成，它们的类型和结构决定表面活性剂的性质。

大部分表面活性剂的疏水基是碳氢基团，主要有以下三类：

① 脂肪族碳氢链（饱和或不饱和），通常是 $C_8 \sim C_{18}$；

② 芳香族烃基（单环或多环）；

③ 烷基芳烃基（如烷基苯类）。

亲水基的种类很多，主要由它们决定表面活性剂的种类，表 11-3 和表 11-4 分别列出了表面活性剂中常见的亲水基团及其在红外光谱中的特征吸收带。

表 11-3 表面活性剂中常见的亲水基团

亲水基的类型	亲水基团
阴离子型	羧酸盐—$COO^- M^+$，磺酸盐—$SO_3^- M^+$，硫酸酯盐—$OSO_3^- M^+$，磷酸酯盐—$PO_3^{2-} M^{2+}$，乙醇胺类（M 主要是 Na^+、K^+、NH_4^+）
阳离子型	伯、仲、叔胺盐，季铵盐 $R_n H_{4-n} A (n=1 \sim 4)$，吡啶盐
两性型	氨基酸，甜菜碱
非离子型	聚乙二醇（或称聚氧乙烯醚）—$(C_2H_4O)_n H$，多元醇（如甘油、丙二醇、山梨糖醇等）

表 11-4 表面活性剂中常见的亲水基团

基团	振动形式	吸收带/cm^{-1}
—COO^-	ν^{as}	$1610 \sim 1540$(b,s)
	ν^s	$1470 \sim 1370$(b,m-s)
—SO_3^-	ν^{as}	$1190 \sim 1180$(b,vs)
	ν^s	$1060 \sim 1030$(b,m-s)
—OSO_3^-	ν^{as}	$1270 \sim 1220$(b,vs)
	ν^s	$1100 \sim 1060$(b,m-s)
—OPO_3^-	$\nu_{P=O}$	$1250 \sim 1220$(b,s)
	ν_{P-O-C}	$1060 \sim 1030$(b,vs)
伯胺	ν_{N-H}	$2940 \sim 2700$(b,s)
	δ_{N-H}	$1610 \sim 1560$(sh,s)
仲胺	ν_{N-H}	$2940 \sim 2700$(b,s)
	δ_{N-H}	$1610 \sim 1500$(sh,m-w)
—$(C_2H_4O)_n$	ν_{C-O}	$1150 \sim 1190$(b,s)
多元醇	ν_{OH}	$3450 \sim 3300$(b,m-s)

注：1. 符号说明：ν^{as}—不对称伸缩振动；ν^s—对称伸缩振动；δ—弯曲振动。

2. 吸收峰形状、强度；b—宽；sh—尖锐；vs—非常强；s—强；m—中等；w—弱。

实验 12　果汁中有机酸的分析

一、实验目的

1. 了解 HPLC 在食品中的应用。
2. 理解缓冲溶液在流动相中的作用。
3. 掌握用内标法对组分进行定量分析的方法。

二、实验原理

在食品中，主要的有机酸是乙酸、丁二酸、苹果酸、柠檬酸、酒石酸等，它们可能来自原料、发酵过程或是添加剂。这些有机酸在水溶液中有较大的解离度。在反相键合相色谱中易发生色谱峰拖尾现象。苹果汁中的有机酸主要是苹果酸和柠檬酸。在酸性流动相的条件下（如 pH＝2～5），上述有机酸的解离得到抑制，利用分子状态的有机酸的疏水性，使其在 C_{18} 键合相色谱柱中能够保留。由于不同有机酸的疏水性不同，疏水性大的有机酸在固定相中保留强，较晚流出色谱柱，否则较早流出，从而使各组分得到分离。

内标法是色谱定量中常用的方法，该法适用于只需对样品中某几个组分进行定量的情况，定量比较准确，对进样量和操作条件的稳定性要求不太苛刻。本实验选择酒石酸为内标物，只对苹果汁中的苹果酸和柠檬酸进行定量分析。

有机酸在波长 210nm 附近有较强的吸收，因此可采用紫外检测器进行检测。

三、仪器与试剂

1. 仪器

反相高效色谱仪，紫外检测器，微量进样器，真空泵，脱气装置，电子天平。

2. 试剂

磷酸二氢铵（优级纯）：配制 $8mmol \cdot L^{-1}$ 的水溶液和 $2mmol \cdot L^{-1}$ 的水溶液。苹果酸（优级纯）：准确称取一定量的苹果酸，用二次水配制 $1000mg \cdot L^{-1}$ 的溶液，使用时适当稀释。柠檬酸、酒石酸皆为优质纯，配制水溶液（方法同苹果酸）。3 种有机酸的混合标准溶液：各含约 $200mg \cdot L^{-1}$。苹果汁：市售苹果汁用 $0.45\mu m$ 滤膜过滤后备用。

四、实验步骤

① 参照仪器使用说明开机，排空流路中的气泡。

② 设置实验参数：C_{18} 键合相色谱柱，流动相为 $0.8mmol \cdot L^{-1}$ 的水溶液和 $0.2mmol \cdot L^{-1}$ 的磷酸二氢铵水溶液，比例为 $1:1$（体积比），流速为 $1.0mL \cdot min^{-1}$，柱温为 30℃，进样量为 $20\mu L$，紫外检测波长为 210nm。

③ 启动色谱系统，待基线稳定后，注入 3 种有机酸的混合标样，观察分离情况。

④ 调整流动相的比例，使 3 种有机酸得到良好的分离。

⑤ 分别注入 3 种有机酸的混合标样，根据保留值进行定性。

⑥ 注入 3 种有机酸的混合标样，重复 3 次（峰面积误差小于 3％以内），用于计算各自的校正因子。

⑦ 注入待测苹果汁的样品，重复 3 次（峰面积误差小于 3％）。

⑧ 准确称取一定量的内标物酒石酸样品，加入准确称量的待测苹果汁样品中，记录各自的称量值，摇匀待用。

⑨ 注入含有内标物的待测苹果汁样品，重复 3 次（峰面积误差小于 3％）。

⑩ 依据关机程序关机。

五、注意事项

1. 配制样品时，称量一定要准确。
2. 实验结束后以纯水为流动相，冲洗色谱柱，以避免柱的堵塞。

六、数据处理

1. 计算 3 种有机酸的校正因子和分离度。
2. 按外标法计算苹果汁中苹果酸和柠檬酸的含量。
3. 以酒石酸为内标物，按内标法计算苹果汁中苹果酸和柠檬酸的含量，与 2 的结果进行比较，并加以讨论。

七、思考题

1. 假设以 50％的甲醇/水或 50％乙腈/水为流动相，苹果酸、柠檬酸的保留值会如何变化？如何解决？
2. 流动相中磷酸二氢铵的浓度变化，对组分分离有什么影响？
3. 针对苹果汁中苹果酸和柠檬酸的分析，说明外标法定量和内标法定量的优缺点。

实验 13　茶叶中茶多酚的提取及抗氧化作用研究

一、实验目的

1. 掌握从茶叶或茶叶下脚料中提取茶多酚的方法。

2. 掌握用分光光度法测定茶多酚总量的方法。

3. 掌握用分光光度法测定茶多酚对羟基自由基的清除作用研究。

4. 通过对茶叶茶多酚的提取及对自由基的清除作用研究，了解多酚类天然产物的提取和抗氧化作用的研究方法，提高对天然产物研究的综合能力和创新思维。

二、实验原理

茶多酚（tea polyphenols，TP）是从天然植物茶叶中分离提纯的多酚类化合物的总称，其抗氧化活性高于一般非酚类或单酚羟基类抗氧化剂。茶多酚又称茶鞣质或茶单宁，是一种易溶于水及有机溶剂的白色晶体，味苦涩，耐热性及耐酸性好。在 pH＝2～7 范围内均十分稳定，在碱性介质中不稳定，易氧化褐变。

茶多酚的主要成分为儿茶素类（黄烷醇类）、黄酮、黄酮苷类、花色素类、酚酸及缩酚酸类及聚合酚类。其中儿茶素类化合物为茶多酚的主体成分，约占总质量的 70％。

茶多酚不仅是构成茶叶色、香、味的主体化合物，而且是一种理想的天然食品抗氧化剂，已被列为食品添加剂（GB 12493—1990）。此外，它还具有清除自由基、抗衰老、抗辐射、减肥、降血脂、降血糖、防癌、防治心血管病、抑菌抑霉、沉淀金属等多方面的功能。茶多酚在食品加工、医药保健、日用化工等领域具有广阔的应用前景。

本实验主要研究从茶叶中提取天然抗氧化剂——茶多酚的方法，工艺包括沸水提取、沉淀、酸化萃取、脱溶剂及真空干燥，其特点在于提取液中加入能使茶多酚沉淀的可溶性无机盐，分离沉淀后，在沉淀中加入强酸或中强酸至沉淀完全溶解，制得酸化液，再由乙酸乙酯萃取，经脱溶剂、干燥制得茶叶天然氧化剂茶多酚，并对茶多酚进行定量分析并研究提取物对羟基自由基的清除作用。

三、仪器与试剂

1. 仪器

紫外-可见分光光度计，离心机，真空干燥箱，循环水泵，pH 计，布氏漏斗，抽滤瓶，分液漏斗。

2. 试剂

茶叶（绿茶、红茶均可），邻菲啰啉，磷酸二氢钠，磷酸氢二钠，碳酸钠，硫酸亚铁，30％过氧化氢，硫酸锌，碳酸钠，硫酸，乙酸乙酯（以上试剂均为 A.R.）。

四、实验步骤

1. 茶多酚的提取

称取茶叶若干克，加入沸水，搅拌数分钟，先用滤布过滤，再用沸水浸取一次。合并提取液，加入一定量的硫酸锌，用 $0.1 mol \cdot L^{-1}$ Na_2CO_3 调节 pH 值，使茶多酚沉淀完全。放置数分钟，离心分离。在沉淀中加入 $4 mol \cdot L^{-1}$ H_2SO_4 至 pH=2 左右，离心分离少量未溶解沉淀。溶液用同体积的乙酸乙酯萃取，合并萃取液，减压过滤。将浓缩液转移至蒸发皿，于 40℃ 下真空干燥，得到茶多酚的粗晶体。称量茶多酚的质量，计算茶多酚的提取率。

$$茶多酚的提取率 = \frac{茶多酚粗晶体的质量(g)}{茶叶的质量(g)} \times 100\%$$

2. 茶多酚总量的测定

（1）样品试液的制备

准确称取茶多酚的粗晶体，用少量重蒸水溶解，在 25mL 容量瓶中定容。

（2）测定

吸取样品试液 1mL 于 25mL 容量瓶中，加入蒸馏水 4mL 和酒石酸铁 5mL，摇匀，再加入 pH 值为 5 的磷酸盐溶液，定容，以蒸馏水代替样品试液，加入同样试剂配制参比溶液。选择 540nm 波长和 1cm 的比色皿测定吸光度。如吸光度大于 0.8，则需将试液稀释。

（3）茶多酚的含量计算

$$茶多酚含量 = \frac{7.826AV}{1000V_1m} \times 100\%$$

式中，A 为样品试液的吸光度；m 为茶多酚的质量，g；V 为样品试液的总体积；V_1 为吸取样品体积。

3. 对羟基自由基（·OH）的清除作用

本实验采用亚铁离子催化过氧化氢产生羟基自由基的方法。取 $0.75 mmol \cdot L^{-1}$ 邻菲啰啉溶液 1mL、磷酸盐缓冲液 2mL 和蒸馏水 1mL，充分混匀后，加 $0.75 mmol \cdot L^{-1}$ 硫酸亚铁溶液，摇匀，加 0.01% 过氧化氢 1mL，于 37℃ 保持 60min，于 536nm 处测定吸光度，其值为 A_p。用 30% 乙醇代替 1mL 过氧化氢，测得吸光度为 A_B。用 1mL 试样代替 1mL 蒸馏水，测得吸光度为 A_S。羟基自由基（·OH）清除率 d 可按下式计算：

$$d = \frac{A_S - A_p}{A_B - A_p} \times 100\%$$

五、注意事项

1. 如果采用茶叶末作原料，水提液要用纱布过滤。
2. 乙酸乙酯萃取时不要摇晃过度，以免出现乳化层。
3. 磷酸盐缓冲溶液在常温下易发霉，应冷藏。
4. 配制缓冲溶液时，pH 值要用酸度计准确测量。

六、分析讨论

1. 挑选不同的茶叶用与步骤 1～3 相同的方法提取并配成适当的浓度，测定它们清除羟基自由基的能力。

2. 绘制两种或两种以上不同茶叶的羟基自由基清除率对多酚含量的关系曲线，并和茶多酚比较。

七、思考题

1. 如何进一步提高茶多酚的提取率？
2. 茶多酚为什么具有清除氧自由基的作用？
3. 试举例说明文献报道的提取茶多酚的其他方法。

实验 14　葡萄糖酸锌的制备与质量分析

一、实验目的

1. 学习和掌握合成简单药物的基本方法。
2. 学习并掌握葡萄糖酸锌的合成。
3. 进一步巩固配位滴定分析法。
4. 了解锌的生物意义。

二、实验原理

锌存在于众多的酶系中，如碳酸酐酶、呼吸酶、乳酸脱氢酶、超氧化物歧化酶、碱性磷酸酶、DNA 和 RNA 聚合酶等中，为核酸、蛋白质、碳水化合物的合成和维生素 A 的利用所必需。锌具有促进生长发育，改善味觉的作用。锌缺乏时出现味觉、嗅觉差，厌食，生长与智力发育低于正常水平现象。

葡萄糖酸锌为补锌药，具有见效快、吸收率高、副作用小等优点。主要用于儿童、老人和妊娠妇女因缺锌引起的生长发育迟缓、营养不良、厌食症、复发性口腔溃疡、皮肤痤疮等症。

葡萄糖酸锌为白色或接近白色的结晶状粉末，无臭略有不适味，可溶于水，易溶于沸水，15℃时饱和溶液浓度为 25%（质量分数），不溶于无水乙醇、氯仿和乙醚。合成葡萄糖酸锌的方法很多，可以分为直接合成法和间接合成法两大类。直接合成法是以葡萄糖酸钙和硫酸锌（或硝酸锌）等为原料直接合成的。这类方法的缺点是产率低、产品纯度差。

间接合成法也是以葡萄糖酸钙为原料，经阳离子交换树脂得葡萄糖酸，再与氧化锌反应得葡萄糖酸锌。它的工艺条件容易控制、产品质量较高。

本实验采用葡萄糖酸钙与硫酸锌直接反应：

$$Ca(C_6H_{11}O_7)_2 + ZnSO_4 \Longrightarrow Zn(C_6H_{11}O_7)_2 + CaSO_4$$

过滤除去 $CaSO_4$ 沉淀，溶液经浓缩可得无色或白色葡萄糖酸锌结晶。

葡萄糖酸锌在制作药物前，要经过多个项目的检测。本次实验只是对产品质量进行初步分析，分别用 EDTA 配位滴定法和比浊法检测所制产物的锌和硫酸根含量。《中华人民共和国药典》（2015 年版）规定葡萄糖酸锌含量应在 97.0%～102%。

三、仪器与试剂

1. 仪器

台秤，蒸发皿，布氏漏斗，抽滤瓶，循环水泵，电子天平，滴定管（50mL），移液管（25mL），烧杯，容量瓶，锥形瓶（250mL），比色管（25mL），电磁搅拌器。

2. 试剂

葡萄糖酸钙（分析纯），硫酸锌（分析纯），$ZnSO_4 \cdot 7H_2O$（优级纯），活性炭，无水乙醇，乙醇（95％），乙二胺四乙酸二钠盐（EDTA），六亚甲基四胺（$200g \cdot L^{-1}$），二甲酚橙水溶液 $2g \cdot L^{-1}$，HCl（$2mol \cdot L^{-1}$），硫酸（$1mol \cdot L^{-1}$）、标准硫酸钾溶液（硫酸根含量 $100mg \cdot L^{-1}$），氯化钡溶液（25％）。

四、实验步骤

1. 葡萄糖酸锌的制备

量取 40mL 蒸馏水置于烧杯中，加热至 80～90℃，加入 6.7g $ZnSO_4 \cdot 7H_2O$ 使之完全溶解，将烧杯放在 90℃ 的恒温水浴中，再逐渐加入葡萄糖酸钙 10g，并不断搅拌。在 90℃ 水浴上保温 20min 后趁热抽滤（滤渣为 $CaSO_4$，弃去），溶液转入烧杯，加热近沸，加入少量活性炭脱色，趁热抽滤。滤液在沸水浴上浓缩至黏稠状（体积约为 20mL，如浓缩液有沉淀，需过滤掉）。滤液冷至室温，加 95％乙醇 20mL 并不断搅拌，此时有大量的胶状葡萄糖酸锌析出。充分搅拌后，用倾析法去除乙醇液。再在沉淀上加 95％乙醇 20mL，充分搅拌后，沉淀慢慢转变成晶体状，抽滤至干，即得粗品（母液回收）。再将粗品加水 20mL，加热至溶解，趁热抽滤，滤液冷至室温，加 95％乙醇 20mL 充分搅拌，结晶析出后，抽滤至干，即得精品，在 50℃ 烘干，称重并计算产率。

2. 硫酸盐的检查

取本品 0.5g，加水溶解使约 20mL（溶液如显碱性，可滴加盐酸使成中性）；溶液如不澄清，应过滤；置 25mL 比色管中，加稀盐酸 2mL，摇匀，即得供试溶液。另取标准硫酸钾溶液 2.5mL，置 25mL 比色管中，加水使成约 20mL，加稀盐酸 2mL，摇匀，即得对照溶液。于供试溶液与对照溶液中，分别加入 25％氯化钡溶液 2mL，用水稀释至 25mL，充分摇匀，放置 10min，同置黑色背景上，从比色管上方向下观察、比较，如发生浑浊，与标准硫酸钾溶液制成的对照液比较，不得更浓（0.05％）。

3. 锌含量的测定

准确称取本品约 0.7g，加水 100mL，微热使溶解，加入 2.5mL 1：5HCl 及 15mL 20％六亚甲基四胺缓冲溶液，加 1～2 滴 $2g \cdot L^{-1}$ 二甲酚橙指示剂，用 EDTA 标准溶液（$0.05mol \cdot L^{-1}$）滴定至溶液由紫红色变为亮黄色，即为终点。记录所消耗的 EDTA 体积。平行滴定三次。计算锌的含量。

五、数据记录与处理

1. 硫酸盐检查

（1）现象描述：

（2）检查结论：

2. 葡萄糖酸锌的含量测定

数据记录见表 14-1。

表 14-1　葡萄糖酸锌的含量测定

测定次数	1	2	3
m（葡萄糖酸锌）/g			
V（EDTA）/mL			
W（葡萄糖酸锌）			
$\overline{w}$（葡萄糖酸锌）			
相对平均偏差			

六、注意事项

1. 反应需在 90℃ 恒温水浴中进行。这是由于温度太高，葡萄糖酸锌会分解；温度太低，则葡萄糖酸锌的溶解度降低。

2. 葡萄糖酸钙与硫酸锌反应时间不可过短，保证充分生成硫酸钙沉淀。

3. 抽滤除去硫酸钙后的滤液如果无色，可以不用脱色处理。如果脱色处理，一定要趁热过滤，防止产物过早冷却而析出。

4. 在硫酸根检查试验中，要注意比色管对照管和样品管的配对；两管的操作要平行进行，受光照的程度要一致，光线应从正面照入，置白色背景（黑色浑浊）或黑色背景（白色浑浊）上，自上而下观察。

5. 用乙醇为溶剂进行重结晶时，开始有大量胶状葡萄糖酸锌析出，不易搅拌，可用竹棒代替玻璃棒进行搅拌。乙醇溶液全部回收。

6. 葡萄糖酸锌加水不溶时，可微热。本品制剂要求遮光，密闭保存。

七、思考题

1. 葡萄糖酸锌含量测定结果若不符合规定，可能有哪些原因？

2. 葡萄糖酸锌可以用哪几种方法进行结晶？

实验 15 豆乳粉中铁、铜的测定

一、实验目的

1. 掌握原子吸收光谱法测定食品中微量元素的方法。
2. 学习食品固体试样的处理方法。

二、实验原理

原子吸收光谱法是测定多种试样中金属元素的常用方法。测定食品中微量金属元素，首先要处理试样，令其中的金属元素以可溶的状态存在。试样可以用湿法消解，即试样在酸性氧化性酸中消解制成溶液。也可以用干法灰化处理，即将试样置于马弗炉或管式炉中，在 $400\sim500{}^\circ\!C$ 高温下灰化，再将灰分溶解在盐酸或硝酸中制成溶液。

本实验采用干法灰化处理样品，然后测定其中铁、铜等营养元素，此法也可用于其他食品，如豆类、水果、蔬菜、牛奶中微量元素的测定。

三、仪器与试剂

1. 仪器

原子吸收分光光度计，Fe、Cu 空心阴极灯，烧杯，容量瓶，吸量管，马弗炉或管式炉，瓷坩埚。

2. 试剂

铜储备液：准确称取 1g 纯金属铜溶于少量 $6mol\cdot L^{-1}$ HNO_3 中，移入 1000mL 容量瓶，用 $0.1mol\cdot L^{-1}$ HNO_3 稀释至刻度。此溶液含 Cu $1000mg\cdot L^{-1}$。

铁储备液：准确称取 1g 纯铁丝溶于 50mL $6mol\cdot L^{-1}$ HCl 中，移入 1000mL 容量瓶，用纯净水稀释至刻度。此溶液含 Fe^{2+} $1000mg\cdot L^{-1}$。

四、实验步骤

1. 试样制备

准确称取试样 2g，置于瓷坩埚中。放入马弗炉，在 $500{}^\circ\!C$ 高温下灰化 $2\sim3h$，取出冷却，加 $6mol\cdot L^{-1}$ HCl 4mL，加热促使残渣完全溶解，移入 50mL 容量瓶，用蒸馏水稀释至刻度，摇匀。

2. 铜和铁的测定

（1）系列标准溶液的配制

用吸量管移取铁储备液 10mL 至 100mL 容量瓶中。用蒸馏水稀释至刻度，此标准溶液含 Fe^{2+} $100mg\cdot L^{-1}$。

将铜储备液进行稀释，制成 $20mg\cdot L^{-1}$ 铜的标准溶液。

在 5 个 100mL 容量瓶中依次加入 0.50mL、1.00mL、3.00mL、5.00mL、7.00mL 的

$100mg \cdot L^{-1}$铁标准溶液和 $0.50mL$、$2.50mL$、$5.00mL$、$7.50mL$、$10.00mL$ 的 $20mg \cdot L^{-1}$ 铜标准溶液，再加入 $8.0mL$ $6mol \cdot L^{-1}$ HCl，用蒸馏水稀释至刻度，摇匀。

(2) 标准曲线的测定

分别测量铜和铁系列混标溶液的吸光度。铜系列标准溶液的浓度为 $0.10mg \cdot L^{-1}$、$0.50mg \cdot L^{-1}$、$1.00mg \cdot L^{-1}$、$1.50mg \cdot L^{-1}$、$2.00mg \cdot L^{-1}$，铁系列标准溶液的浓度 $0.50mg \cdot L^{-1}$、$1.00mg \cdot L^{-1}$、$3.00mg \cdot L^{-1}$、$5.00mg \cdot L^{-1}$、$7.00mg \cdot L^{-1}$。

3. 试样溶液的分析

与标准曲线同样条件，测量步骤 1 所制备的试样溶液中 Cu 和 Fe 的含量。

五、数据处理

1. 绘制 Cu 和 Fe 的标准曲线。
2. 确定豆乳粉中这些元素的含量($mg \cdot L^{-1}$)。

六、注意事项

1. 如果样品中这些元素的含量偏低，可以增加取样量。灰化时的样品量可以先大于 2g，等灰化后再准确称量溶解定容。
2. 处理好的样品若出现浑浊，可用定量滤纸常压过滤。

七、思考题

1. 为什么稀释后的标准溶液只能放置较短时间，而储备液可以放置较长的时间？
2. 如果要测定样品中的钙含量应如何操作？
3. 为什么配制标准溶液时，铁和铜的标准溶液放在一起配制，这样做有何用处？

实验 16 ICP-AES 同步测定金银花中微量元素及重金属

一、实验目的

1. 了解 ICP-AES 主要组成部分及其功能。
2. 加深对 ICP 光源特性的理解，熟悉该仪器的特点及应用范围。
3. 掌握 ICP-AES 的基本操作技术。
4. 掌握湿法消解和微波消解的实验技术。

二、实验原理

电感耦合等离子体（ICP）焰炬是发射光谱分析法中的一种激发源。由于焰炬温度高且具有中央通道，由载气引入该通道的待测液体试样经脱溶剂、熔融、蒸发、解离等过程，形成气态原子，各组成原子再吸收能量后发生激发，跃迁到激发态，处于激发态上的原子不稳定，以发射特征辐射（谱线）的形式重新释放能量后回到基态。根据各元素气态原子及离子所发射的特征辐射的波长和强度，可进行物质组成的定性和定量分析。谱线强度（I）与被测元素含量（c）有如下关系：

$$I = ac^b$$

式中，a 是与激发源种类、工作条件及试样组成等有关的常数；b 是自吸系数。当元素含量较低时，$b = 1$，元素的含量与其谱线强度成正比。因此，在一定工作条件下，测量谱线强度即可进行物质组成的定量分析。

金银花为忍冬属植物，是我国常用的传统药材，同时也是制作清凉饮料的重要原料。金银花具有"清热解毒，凉散风热"之功效，主治痈肿疔疮、喉痹、丹毒、热毒血痢、风热感冒、温病发热等症。对其有机成分研究较多，无机元素研究相对较少。部分金属元素对人体的生理功能具有特殊的作用，人体的许多疾病与金属元素的失调有关，量过多或缺乏都会引起疾患。另外，因为环境污染等因素，金银花中也可能含有微量毒性很大的多种金属元素如 Pb、Cd 等，其含量直接影响到人们的健康。

本实验采用湿法消解和微波消解处理金银花，用电感耦合等离子体发射光谱法（ICP-AES）同步测定金银花中微量元素（Ca、Cu、Fe、Mg、Mn、Ni）及重金属元素（Cd、Cr、Pb）的含量，确定各元素检出限、精密度及回收率。

三、仪器与试剂

1. 仪器

电感耦合等离子体发射仪美国（Perkin Elmer 公司 OPTIMA 8000DV 型号）；微波快速消解系统，电子天平，石英亚沸蒸馏器，电加热板，聚四氟乙烯坩埚，移液器，一次性注射器，水系针式过滤器，容量瓶，聚乙烯试剂瓶等。

2. 试剂

硝酸（G.R.），过氧化氢（30%，G.R.），Ca、Cu、Fe、Mg、Mn、Ni、Cd、Cr、Pb 标准储备溶液（浓度均为 $1000\mu g \cdot mL^{-1}$，购自国家标准物质中心），金银花，实验用水为石英亚沸二次蒸馏水。

四、实验步骤

1. 样品预处理

将金银花冲洗干净后，用蒸馏水反复清洗，再用二次水冲洗，晾干，80℃干燥约 4h，取出放入研钵中研磨成粉状，备用。

2. 湿法消解

称取 0.3g 左右试样 4 份，置于 100mL 聚四氟乙烯坩埚内，加入 HNO_3 与 H_2O_2 混合溶液（体积比，4:1）10mL，静置过夜，然后置于电加热板上，100℃下消解 1h，溶液澄清后，将温度升至 180℃，继续消解至溶液透明。将溶液转移至 25mL 容量瓶中，用 3% HNO_3 定容。

同时制备空白样品及加标样品，按照同样的方法进行消解。

3. 微波消解

称取 0.3g 左右试样 4 份，置于 100mL 聚四氟乙烯消解罐中，HNO_3 与 H_2O_2 混合溶液（体积比，4:1）5mL，静置 30min，装置好消解罐，放入微波消解仪中。按照表 16-1 的程序进行微波消解。待消解罐冷却后，将消解液转移至 25mL 容量瓶中，用二次蒸馏水定容。

同时制备空白样品及加标样品，按照同样的方法进行消解。

4. ICP-AES 测定

仪器主要工作参数如下：功率 1.10kW，等离子气流量 $15.0L \cdot min^{-1}$，辅助气流量 $1.50L \cdot min^{-1}$，雾化气压力 200kPa。各元素测定波长（单位：nm）为：Ca 396.847，Cu 327.395，Fe 238.204，Mg 279.553，Mn 257.610，Ni 231.604，Cd 214.43，Cr 267.716，Pb 220.353。

表 16-1 微波消解程序

步骤	条件			
	温度/℃	压力/atm	保持时间/min	功率/W
1	140	18	4	800
2	180	25	4	1000

（1）绘制工作曲线

用 3% HNO_3 配制 $0\mu g \cdot mL^{-1}$、$5.0\mu g \cdot mL^{-1}$、$10.0\mu g \cdot mL^{-1}$ 系列浓度的混合标准溶液，做 ICP-AES 测定。

（2）检测限与精密度

测定两种消解方法的空白样品 10 次。测定结果的 3 倍标准偏差除以工作曲线斜率作为检出限，用变异系数（标准偏差/平均值）来表示精密度。

（3）样品测定

测定两种消解方法处理的样品消解液。

五、数据记录与处理

打印实验数据，计算检出限、精密度、回收率及样品测定值。对数据作分析讨论，得出合理的实验结论。

六、注意事项

1. 两种消解方法中可选择一种进行样品消解，严格按照操作规程操作，消解时实验人员不得离开。

2. 制备加标样品时，注意各元素加入量的计算及具体加入方法。

七、思考题

1. 对植物中金属元素的测量，还有哪些常见的方法？

2. 植物金属元素测定中，通常有哪些常用的样品前处理方法？

实验 17　8-羟基喹啉-5-磺酸锌荧光分析及胶束增敏效应

一、实验目的

利用 8-羟基喹啉-5-磺酸进行锌的荧光光度定量分析，并理解胶束增敏效应。

二、实验原理

8-羟基喹啉-5-磺酸（Qs）可与镁、锌、铬、铝、镓、铟等金属离子在水溶液中生成荧光性配合物。这些配合物在低介电常数的溶剂中荧光强度增大，其原因是配合物与极性溶剂相互作用减少了非辐射失活过程的概率。本实验利用 8-羟基喹啉-5-磺酸进行锌的荧光光度定量分析，并观测配合物由于进入阳离子表面活性剂氯化癸基二甲苯基铵胶束中而产生的荧光增敏效应。

氯化癸基二甲苯基铵的临界胶束浓度（cmc）为 $3.7 \times 10^{-4}\,mol \cdot L^{-1}$。通常表面活性剂浓度在 cmc 以上才能观测到增敏效应。改变氯化癸基二甲苯基铵的浓度，测定荧光强度的变化，可以反过来测定表面活性剂的 cmc。

表 17-1 中列出 Zn（Ⅱ）-Qs 配合物在无氯化癸基二甲苯基铵存在下的荧光量子产率。

表 17-1　量子产率比较

化合物	pH 值	Φ
硫酸奎宁	1.0	0.55
荧光素	13.0	0.89
Zn(Ⅱ)-Qs	6.6	0.022
Zn(Ⅱ)-Qs-Zeph	6.7	0.042

在利用 8-羟基喹啉-5-磺酸进行荧光光度定量分析时，根据生成水溶性金属配合物的 pH 值或各配合物荧光寿命的差异，可以对轻合金中的 Al、Mg、Zn、Al-Ga 体系、Al-In 体系混合样品中的多组分进行同时定量测定。

三、仪器与试剂

1. 仪器

荧光分光光度计（激发波长 365nm，发射波长 526nm），1cm 荧光池，容量瓶（100mL，50mL），移液管（1mL，2mL，5mL），吸量管（2mL）。

2. 试剂

硫酸锌（$ZnSO_4 \cdot 7H_2O$），8-羟基喹啉-5-磺酸，氯化癸基二甲苯基铵二水合物 $[(C_{10}H_{21})C_6H_5N^+(CH_3)_2Cl^- \cdot 2H_2O]$，浓盐酸，$1\,mol \cdot L^{-1}$ 醋酸铵水溶液。所用试剂均为分析纯。

四、实验步骤

1. 准确称取 0.088g 硫酸锌，用移液管移取 1.0mL 浓盐酸，用水稀释定容至 100mL。将此溶液用水稀释 100 倍，配制 $2.0\mu g \cdot mL^{-1}$ 的锌标准溶液 100mL。

2. 准确称取 0.0050g 8-羟基喹啉-5-磺酸，用水稀释定容至 100mL，配制 $2.0 \times 10^{-4} mol \cdot L^{-1}$ 8-羟基喹啉-5-磺酸水溶液。

3. 称取 0.20g 氯化癸基二甲基苯基铵，用水稀释定容至 100mL，配制 $5.0 \times 10^{-3} mol \cdot L^{-1}$ 氯化癸基二甲基苯基铵水溶液。

4. 用吸量管分别移取锌标准溶液 0.0mL、0.5mL、1.0mL、1.5mL、2.0mL，加入 50mL 容量瓶内，加入 $2.0 \times 10^{-4} mol \cdot L^{-1}$ 8-羟基喹啉-5-磺酸水溶液 2.0mL、$1mol \cdot L^{-1}$ 醋酸铵水溶液 5.0mL、$5.0 \times 10^{-3} mol \cdot L^{-1}$ 氯化癸基二甲基苯基铵水溶液 5.0mL，用水稀释定容至 50mL，分别测定荧光强度。

5. 同样操作，不加氯化癸基二甲基苯基铵水溶液，分别测定荧光强度。以空白样品（加入锌标准溶液 0.0mL）的荧光强度为 0，含 $5.0 \times 10^{-3} mol \cdot L^{-1}$ 氯化癸基二甲基苯基铵水溶液 2.0mL 溶液的荧光强度为 100，计算各溶液的相对荧光强度。

五、注意事项

1. 溶液配制应严格按操作步骤进行，忌省略稀释步骤直接移取浓溶液的做法，否则实验误差大，定量结果可靠性降低。

2. 由于荧光池数量有限，测定时应集中同一种溶液并且遵循由稀至浓的顺序进行测定。

3. 每次测定前需要用少量待测溶液冲洗荧光池 3 次。

4. 操作表面活性剂溶液时应注意尽量减少泡沫。

六、数据处理

绘制并比较有无氯化癸基二甲基苯基铵存在时荧光强度对锌浓度作图的关系曲线，确定阳离子表面活性剂存在下的荧光增敏程度。

七、思考题

1. 胶束存在下，配合物荧光强度增加的原因何在？

2. 表面活性剂的亲水基团为阴离子或非离子的胶束溶液，配合物的荧光强度将如何变化？

实验18　类芬顿试剂处理亚甲基蓝染料废水

一、实验目的

1. 了解处理废水的各种高级氧化技术的原理，比较各种技术的优缺点。
2. 学会利用 Fe(0)-EDTA-空气体系处理染料废水的方法。

二、实验原理

1. 染料废水处理方法

染料废水主要包括染料生产废水和印染工业废水，具有组分复杂、色度高、COD 和 TOC 含量高、悬浮物多、水质及水量变化大、难降解物质多等特点，是较难处理的工业废水之一。而且随着染料工业的发展，一些新型染料、助剂及化学浆料的使用，引入大量难生物降解的有机物，增加了废水处理的难度。

目前，国内外的染料废水处理手段主要有生物法、物理法和化学法。生物方法主要是利用微生物的生长来降解、溶解或分散水中的染料，对废水中 BOD 的降解率很高，成本率较低，但是在处理生物难降解有机物浓度高的染料废水时，COD 和色度的去除率均较低，因而常需要与物理化学法并用。物理吸附法是目前最常用的去除水中污染物的方法，它主要采用吸附剂吸附废水中的染料。常用吸附剂有活性炭、吸附树脂、硅藻土等。化学方法是通过化学反应来去除水中的污染物质，在纺织工业中，化学处理通常用于提高悬浮物、COD 等有机化合物的去除率，也用于中和、脱色及硫、氮的去除。

2. Fe(0)-EDTA-空气体系降解原理

近年来，高效低耗、无二次污染且投资少、运转费用低廉的降解方法越来越引起人们的注意，尤其是基于氢氧自由基生成的化学处理方法——Fe(0)-EDTA-空气体系处理废水备受研究人员的关注。研究表明，零价铁和 EDTA 在氧气存在下能氧化染料，其基本机理为：氧化过程的第一步是零价 Fe 转化为 Fe^{2+}。Fe^{2+} 活化溶解氧产生 $O_2^-\cdot$，在酸性环境中产生 H_2O_2，H_2O_2 和 Fe^{2+} 通过芬顿反应产生 $\cdot OH$，从而与染料反应使之降解。

$$Fe^{2+}(EDTA) + O_2 \longrightarrow Fe^{3+}(EDTA) + O_2^-\cdot$$

本体系中产生的 $\cdot OH$ 对染料的降解起着重要作用。此外，铁屑本身具有还原性，它能直接和某些污染物作用，消除它们的生物毒性。Fe(0)-EDTA-空气体系处理废水是氧化还原、絮凝沉淀、电化学附聚、物理吸附等综合作用的结果，在酸性条件下可有效降解废水中的有机污染物，使废水的各项污染指标大幅度下降，同时提高了废水的可生化性，为后续生化处理创造了有利条件。

亚甲基蓝常态下是带青铜光泽的发亮深绿色结晶或细小深褐色粉末。它无气味，在空气中稳定，易溶于水，能与多数无机盐生成复盐。最大吸收波长一般为 663nm。由于该染料溶解性大，分子结构稳定，且含有芳香环等不易被微生物利用的结构，因此亚甲基蓝染料废水对水环境危害严重。其结构式如图 18-1 所示。

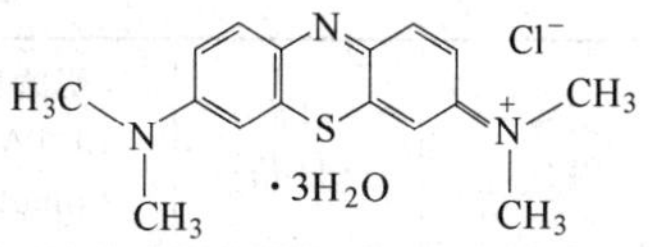

本实验采用 Fe(0)-EDTA-空气体系处理亚甲基蓝模拟印染废水，考察酸度、EDTA 浓度、Fe 粉用量对亚甲基蓝降解效果的影响。

图 18-1　亚甲基蓝的结构式

三、仪器与试剂

1. 仪器

紫外分光光度计，振荡器，电子分析天平（0.0001g），精密 pH 计，移液管，吸量管，锥形瓶，容量瓶，玻璃棒，烧杯。

2. 试剂

亚甲基蓝，乙二胺四乙酸二钠，铁粉，硫酸，氢氧化钠，所用试剂均为分析纯以上，实验用水为二次蒸馏水。

四、实验步骤

1. 溶液配制

配制以下溶液：亚甲基蓝，$1.0 \text{g} \cdot \text{L}^{-1}$；EDTA 溶液，$4 \text{mmol} \cdot \text{L}^{-1}$；Fe 粉，0.2g；$H_2SO_4$，$0.1 \text{mol} \cdot \text{L}^{-1}$；NaOH，$0.1 \text{mol} \cdot \text{L}^{-1}$。

2. 废水处理

取 250mL 锥形瓶，分别加入 4mL 亚甲基蓝溶液，加入 EDTA 溶液 5.0mL 定容至 200mL，并用 H_2SO_4 溶液调节 pH 值为所需值，测其初始吸光度值。调节恒温水浴振荡器内温度为 25℃，再加入 Fe 粉 0.2g，将锥形瓶迅速置于其中反应，并开始计时。每隔 10min 取样一次，在亚甲基蓝的最大吸收波长处测其吸光度值的变化，计算染料的脱色率。

保持亚甲基蓝初始浓度（$20 \text{mg} \cdot \text{L}^{-1}$）不变，按照表 18-1 改变实验条件，考察各因素对降解效果的影响。

3. 脱色率测定

在波长 200～800nm 范围内进行扫描，发现亚甲基蓝的最大吸收波长在 663nm 处，测定降解前的吸光度值为 A_0，降解后的吸光度值为 A，按式（1）计算脱色率。

$$脱色率 = \frac{A_0 - A}{A_0} \times 100\% \tag{1}$$

五、实验结果处理

1. Fe(0)-EDTA-空气体系降解亚甲基蓝的紫外-可见吸收光谱

本实验选用初始浓度为 $20 \text{mg} \cdot \text{L}^{-1}$ 的亚甲基蓝模拟废水，Fe(0)-EDTA-空气体系降解 50min，每隔 10min 取样 1 次，扫描其吸收光谱，记录不同反应时间的吸收光谱图，分析降解过程。

2. 各影响因素对降解效果的影响

根据实验结果，计算不同条件下的脱色率，填入表 18-1。

3. 动力学研究

在优化的条件下，Fe(0)-EDTA-空气体系处理亚甲基蓝废水，每隔 5min 取一次样，记录其吸光度，降解 30min。用吸光度代替浓度，根据实验数据推断 Fe(0)-EDTA-空气体系处理废水的反应级数。

表 18-1　各影响因素对降解效果的影响

实验编号	初始pH 值	影响因素EDTA 浓度/mmol·L^{-1}	$m_{Fe粉}$/g	条件				
				10in	20min	30min	40min	50min
1	3	0.1	0.2					
2	5	0.1	0.2					
3	5	0.05	0.2					
4	5	0.1	0.1					

六、思考题

1. 目前应用较多的处理有机物废水的方法有哪些？简述其原理。

2. 查阅文献，找出一种最感兴趣的高级氧化技术，讨论影响降解效果的因素有哪些？是如何影响的？

实验 19 催化剂活性的测定——甲醇分解

一、实验目的

1. 测定氧化锌催化剂对甲醇分解反应的催化活性。
2. 了解用流动法测定催化剂活性的特点和实验方法。
3. 掌握流速计、流量计、稳压管等的原理和使用。
4. 了解并掌握低温控制、常压控制、高温控制的原理和方法。

二、实验原理

催化剂的活性用来作为催化剂催化能力的量度，通常用单位质量或单位体积催化剂对反应物的转化百分率来表示。

测定催化剂活性的实验方法分为静态法和流动法两类。静态法是反应物和催化剂放入一封闭容器中，测量系统的组成与反应时间的关系的实验方法。流动法是使流态反应物不断稳定地经过反应器，在反应器中发生催化反应，离开反应器后反应停止，然后设法分析产物种类及数量的一种实验方法。

在工业连续生产中，使用的装置与条件和流动法比较类似。因此在探讨反应速率，研究反应机理的动力学实验及催化活性测定的实验中，流动法使用较广。

根据实验，一般认为，流动法的关键是要产生和控制稳定的流态。如流态不稳定，则实验结果不具有任何意义。流动法的另一个关键是要在整个实验时间内控制整个反应系统各部分实验条件（温度、压力等）稳定不变。

流动法按催化剂是否流动又分为固定床和流动床，按流动的流态情况又分为气相和液相，常压和高压。ZnO 催化剂对甲醇分解反应所用的是最简单的气相、常压、固定床的流动法。

甲醇可由 CO 和 H_2O 作原料合成，反应式如下：

$$CO + 2H_2 \Longrightarrow CH_3OH$$

这是一个可逆反应，反应速率很慢，关键是要找到优良的催化剂，但按正反应进行实验需要在高压下进行，而且还有生成 CH_4 等的副反应，对实验不利。按催化剂的特点，凡是对正反应是优良的催化剂，对逆反应也同样是优良的催化剂，而甲醇的分解反应可在常压下进行，因此在选择催化剂的（活性）实验中往往利用甲醇的催化剂分解反应。

$$CH_3OH(气) \xrightarrow[300\sim400℃]{ZnO \text{ 催化剂}} CO(气) + 2H_2(气)$$

由于反应物和产物可经冷凝而分离，因此只要测量流动气体经过催化剂后体积的增加，便可求算出催化活性。这种为了便于实验的进行，用逆向反应来评价用于正向反应催化剂的性能是催化实验中常用的方法。

表示催化剂活性的方法很多，现用单位质量 ZnO 催化剂在一定的实验条件下，使 100g

甲醇所分解掉的甲醇克数来表示。

三、仪器与试剂

实验装置一套（见图 19-1）。ZnO 催化剂（颗粒 1.5mm，制备方法见实验步骤 1），甲醇（A.R.），KOH（A.R.），食盐。

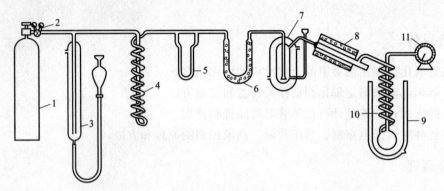

图 19-1　实验装置

1—氮气钢瓶；2—减压阀；3—稳压器；4—缓冲管；5—毛细管流量计；6—干燥管；
7—液体挥发器；8—反应器；9—杜瓦瓶；10—捕集器；11—湿式流量计

四、实验步骤

1. ZnO 催化剂的制备

催化剂的活性随其制备方法的不同而不同。现用的催化剂制备方法是：取 80g ZnO（A.R.）加 20g 皂土（作黏结剂）和约 50mL 蒸馏水，研压混合，使之均匀，成型弄碎，过筛，取粒度约 1.5mm（12～14 目）的筛分物，在 383.2K 烘箱内烘 2～3h，分成两份，分别放入 573K 和 773K 的马弗炉中焙烧 2h，取出放入真空干燥器内备用。

2. 按图 19-1 所示连接仪器，并作好下列准备工作

① 用量筒向各液体挥发器（本实验中为保证甲醇蒸气饱和，共串联三个液体挥发器）内加入甲醇充满 2/3 的量。

② 向杜瓦瓶内加食盐及碎冰的混合物作为冷却剂。

③ 调节超级恒温槽温度到 40℃，打开循环水的出口，使恒温水沿挥发器夹套进行循环。

④ 调节湿式气体流量计至水平位置，并检查流量计内液面。

3. 检查整个系统有无漏气

① 小心开启氮气钢瓶的减压阀，使用小股 N_2 气流通过系统（毛细管流量计上出现压力差）。这时把湿式气体流量计和捕集器间的导管封死，若毛细管流量计上的压力差逐渐变小至零，则表示系统不漏气，否则要分段检查，直至无漏。

② 检漏后，缓缓打开氮气钢瓶的减压阀，调节稳压管内液面的高度，并使气泡不断地从支管经石蜡油逸出，其速度约为每秒 1 个（这时稳压管才起到稳压作用）。根据已校正毛细管的流量计校正曲线，使 N_2 气流速稳定为每分钟 50mL 和 70mL，准确读下这时毛细管流量计上的压力差读数，作为下面测量时判断流速是否稳定为某数值的依据。每次测定过程中，自始至终都需要 N_2 气流速的稳定，这是本实验成败的关键之一。

4. 测定

（1）空白曲线的测定

通电加热并调节电炉温度为 573K±2K，在反应管中不放催化剂，调节 N_2 气流量为 $50mL·min^{-1}$，稳定后，每 5min 读湿式气体流量计一次，共计 40min，以流量读数 V_{N_2} 对时间 t（min）作图，得图 19-2 上直线 Ⅰ。

（2）样品活性的测定

称取存放在真空干燥器内、粒度为 1.5mm 左右、经 573K 焙烧的 ZnO 催化剂约 2g，装入反应管内（管两端填玻璃布，催化剂放其中。装催化剂时应沿壁轻轻倒入，并把反应管加以转动和振动以装匀，但不宜太剧烈，以免催化剂破碎而阻塞气流），装妥后，记下催化剂层在反应管内的位置，在插入到电炉时，催化剂层在电炉的等温区，然后接好管道并检漏，打开电炉电源并调节电炉温度到 573K±2K，调节 N_2 的流速，使与空白试验（$50mL·min^{-1}$）时相同（由毛细管流量计的压力差来指示），同样每隔 5min 读一次湿式气体流量计（即 $V_{N_2+H_2+CO}$），共 40min，其 V-t 的直线即为图 19-2 线

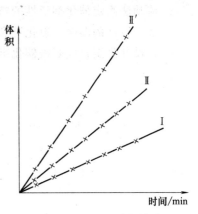

图 19-2　流量和时间关系

Ⅱ。在相同的温度下，再测定 N_2 气流速为 $70mL·min^{-1}$ 的另一个 V-t 直线。

同法，在 N_2 气流速为 $50mL·min^{-1}$ 和 $70mL·min^{-1}$ 的条件下，对经 773K 焙烧的 ZnO 催化剂进行活性测定。

实验结束后应切断电源和关掉 N_2 气钢瓶，并把减压阀内余气放掉。

五、实验结果处理

1. 对比空白的和加有催化剂的流量（V）-时间（t）的曲线，算出在不同 N_2 气流速下，不同焙烧温度对催化剂反应后各增加的 H_2 和 CO 的总体积，并进而分解掉的各甲醇的量（g）。

2. 由甲醇蒸气压和温度的关系算出在 313K 时，40min 内，不同 N_2 气流速下通入管内的各甲醇的量（g）。

3. 比较 N_2 气流速下，不同焙烧温度的催化剂的活性（以 1g 催化剂使 100g 甲醇中的分解掉的甲醇克数表示）。

六、注意事项

1. 系统必须不漏气。

2. N_2 的流速在实验过程中需保持稳定。

3. 在测试催化剂经不同温度焙烧与不同 N_2 气流速下的活性时，实验条件（如装样，催化剂在电炉中的位置等）需尽量相同。

4. 通 N_2 气前，不要打开干燥管上通向液体挥发器的活塞，以防甲醇蒸气或甲醇液体流至装有 KOH 的干燥管，堵塞通路。

5. 在实验前需检查湿式流量计的水平和水位，并预先使其运转数圈，使水与气体饱和后方可进行计量。

6. 实验结束，需用夹子使挥发器不与反应管和干燥管相通，以免因炉温下降时甲醇被倒吸入反应管内。

七、思考题

1. 毛细管流量计和湿式流量计两者有何不同？
2. 流动法测定催化剂活性的特点是什么？有哪些注意事项？
3. 欲得较低的温度，氯化钠和冰应以怎样的比例混合？
4. 试设计测定合成氨铁催化剂活性的装置。

实验 20　牛奶中酪蛋白和乳糖的分离与检测

一、实验目的

1. 掌握调节 pH 值分离牛奶中酪蛋白和乳糖的方法。
2. 熟悉酪蛋白和乳糖的鉴定方法。
3. 熟练掌握旋光仪的使用以及抽滤和浓缩等技术。

二、实验原理

牛奶是一种均匀稳定的悬浮状和乳浊状的胶体性液体，牛奶主要由水、脂肪、蛋白质、乳糖和盐组成。酪蛋白是牛奶中的主要蛋白质，是含磷蛋白质的复杂混合物。蛋白质是两性化合物，当调节牛奶的 pH 值，使其达到酪蛋白的等电点（pH＝4.8）时，蛋白质所带正、负电荷相等，呈电中性，此时酪蛋白的溶解度最小，会从牛奶中沉淀出来，以此可分离酪蛋白。因酪蛋白不溶于乙醇和乙醚，可用此两种溶剂除去酪蛋白中的脂肪，牛奶中酪蛋白的含量约为 3.4％。

蛋白质分子中有肽键，其结构与双缩脲相似，在碱性环境中能与 Cu^{2+} 结合生成紫红色化合物，该方法可用于蛋白质的定性或定量测定。酪氨酸中含有苯环结构，遇硝酸后，可被硝化成黄色物质，该化合物在碱性溶液中进一步形成橙黄色的硝醌酸钠。多数蛋白质分子含有带苯环的氨基酸，所以有黄色反应。几个主要的酪蛋白组分可通过电泳予以区别，主要有 α-酪蛋白（占 75％）、β-酪蛋白（22％）、γ-酪蛋白（占 3％）和 κ-酪蛋白，各类酪蛋白单体的分子量为 20000～30000，并都含有磷，单体间易发生聚合。

牛奶中的糖主要是乳糖。乳糖是一种二糖，它是唯一由哺乳动物合成的糖。它在乳腺中合成，是成长中的婴儿建立起发育中的脑干和神经组织所需的物质。乳糖也不溶于乙醇，所以当乙醇混入水溶液中时乳糖会结晶出来，从而达到分离的目的。

乳糖是由 D-半乳糖分子在碳上的半缩醛羟基和 D-葡萄糖分子 C_4 上的醇羟基脱水通过 β-1，4 苷键链接而成的。乳糖是还原性糖，绝大部分以 α-乳糖和 β-乳糖两种同分异构体形态存在，α-乳糖的比旋光度 $[\alpha]_D^{20}＝+86°$，β-乳糖的比旋光度 $[\alpha]_D^{20}＝+35°$，水溶液中两种乳糖可互相转变，因此水溶液有变旋光现象。牛奶中乳糖的含量为 4％～6％。乳糖的溶解度 20℃时为 16.1％。

三、仪器与试剂

1. 仪器

旋光仪，恒温水浴，抽滤装置，离心机，25mL 容量瓶，烧杯（500mL、250mL、100mL），蒸发皿，滤纸若干，精密 pH 试纸（pH＝3～5），50mL 离心管。

2. 试剂

牛奶，95％乙醇（A. R.），乙醚（A. R.），碳酸钙（A. R.），硫酸铜（A. R.），酒石酸

钾钠（A.R.），氢氧化钠（A.R.），碘化钾（A.R.），冰乙酸（A.R.），10％乙酸溶液。

四、实验步骤

1. 牛奶中酪蛋白的分离

取 100mL 新鲜牛奶，在恒温水浴中加热至 40℃，边搅拌边慢慢加入 10％乙醇溶液，用精密 pH 试纸测定其 pH 值为 4.6～4.8，可观察到此时有大量酪蛋白沉淀析出。将上述悬浮液放置冷却后，离心 5min（4000r/min），沉淀即为酪蛋白粗品。用蒸馏水洗涤沉淀 3 次，离心 5min（4000r/min）。在沉淀中加入 20mL 95％乙醇，搅拌片刻后进行抽滤。抽滤时依次用乙醇、乙醇-乙醚混合溶液（等体积）、乙醚洗涤沉淀 2 次，取出脂肪。将沉淀取出，待酪蛋白充分干燥后称其质量，并计算牛奶中酪蛋白的含量（g/100mL）。

2. 牛奶中乳糖的分离

将步骤 1 中离心所得上清液收集，并加入少量粉状碳酸钙后置于烧杯中，在不断搅拌下煮沸 10min（注意：防止爆沸！），浓缩至约 15mL。加碳酸钙的目的是中和溶液的酸性，放置加热时乳糖水解，又能使乳清蛋白沉淀。

稍冷后，在溶液中加入约 90mL 95％乙醇，再加热，使其混合均匀，趁热过滤，此时滤液不是特别澄清。将滤液移至锥形瓶中，加塞，放置 1～2 天，让乳糖充分结晶（无色簇状结晶），过滤分离出乳糖晶体。用冷的 95％乙醇洗涤结晶，干燥后称重，计算牛奶中乳糖含量。

3. 酪蛋白的鉴定

（1）缩二脲反应

将少量酪蛋白溶解于水中，在碱性溶液中与硫酸铜作用，溶液呈现紫色。

（2）蛋黄颜色反应

在试管中加入蛋白质溶液约 2mL、浓硝酸 0.5mL，振荡，加热煮沸，溶液和沉淀都变为黄色。冷却后加入过量氨水或 20％ NaOH 溶液，黄色变成棕色。再酸化，又变成黄色。

以上两个实验说明制得的是酪蛋白。

4. 乳糖的变旋光测定。

准确称取 1.25g 得到的乳糖，快速配成 25mL 水溶液，加入 2 浓滴氨水，摇匀，静置 20min 后装入旋光管中。待旋光仪预热后，迅速测定其旋光度，每个 1min 测定一次。如果溶液即使经过滤后仍不澄清，无法测定其旋光度，则可以另精确称取 1.25g 分析纯乳糖，快速配成 25mL 溶液，搅拌约 5min 后，溶液基本澄清，加入旋光仪中，每隔 1min 测定其旋光度。

五、实验结果处理

1. 根据所得结果计算酪蛋白和乳糖的含量。
2. 根据乳糖的旋光度值计算乳糖的比旋光度。

六、注意事项

1. 由于本法是应用等电点沉淀法来制备蛋白质的，故调节牛奶的等电点一定要准确。最好用酸度计测定。

2. 纯净的酪蛋白应为白色，若发黄表面脂肪未洗干净。

3. 乳糖分离时，一定要趁热过滤。乳糖结晶析出速度很慢，需放置数日后才能完全析出。

4. 首次结晶出来的乳糖含有杂质，一般需要重结晶，否则乳糖难以溶解，且溶液浑浊，测定的旋光度不准。

5. 乳糖测定液必须清澈透明，浑浊液不能用做测定。

6. 每次测量旋光度时，要记下准确的对应时间。

7. 实验完毕，清洗旋光管，并用蒸馏水浸泡。

七、思考题

1. 根据酪蛋白的什么性质可从牛奶中分离酪蛋白？

2. 如何用化学方法鉴别乳糖和半乳糖？

第三部分

应用性综合实验合成方向

实验 21 2-甲基-2-己醇的合成及结构鉴定

一、实验目的

1. 了解格氏试剂在有机合成中的应用，掌握其制备原理和方法。
2. 掌握由格氏试剂来制备结构复杂的醇的原理和方法。

二、实验原理

格氏试剂与醛、酮、羧酸和酯等进行加成反应，用稀酸水解即得醇，在有机合成中，结构复杂的醇主要由格氏反应来制备。

本实验通过在无水乙醚中，卤代烷与金属镁作用，生成烷基卤化镁（RMgX）即格氏试剂。因为格氏试剂能与水、氧气、二氧化碳反应，所以微量水分和氧的存在，不但阻碍卤代烷和镁之间的反应，还会破坏格氏试剂，所以格氏试剂必须在无水、无氧条件下进行反应。

反应方程式如下：

$$n\text{-}C_4H_9Br + Mg \xrightarrow{\text{无水乙醚}} n\text{-}C_4H_9MgBr$$

$$n\text{-}C_4H_9MgBr + CH_3COCH_3 \xrightarrow{\text{无水乙醚}} n\text{-}C_4H_9\underset{|\atop OMgBr}{C}(CH_3)_2$$

$$n\text{-}C_4H_9\underset{|\atop OMgBr}{C}(CH_3)_2 + H_2O \xrightarrow{H^+} n\text{-}C_4H_9\underset{|\atop OH}{C}(CH_3)_2$$

在格氏反应进行过程中，有热量放出，所以滴加卤代烷的速度不宜太快，必要时，反应瓶需用冷水冷却。

三、仪器与试剂

1. 仪器

三口烧瓶，搅拌器，球形冷凝管，电热套，恒压滴液漏斗，干燥管，蒸馏头，直形冷凝管，牛角管，锥形瓶，红外光谱仪。

2. 试剂

氯化钙，镁屑（条），无水乙醚，碘，正溴丁烷，丙酮，10％硫酸溶液，5％碳酸钠溶液，碳酸钾。

四、实验步骤

1. 正丁基溴化镁的制备

250mL 三口烧瓶上装搅拌器、冷凝管及滴液漏斗，冷凝管上口装氯化钙干燥管（所有仪器必须干燥）。

向三口烧瓶内投 3.1g 镁屑、15mL 无水乙醚及一粒碘，恒压滴液漏斗中混合 13.5mL 正溴丁烷和 15mL 无水乙醚。

向瓶内滴约 5mL 混合液，数分钟后溶液微沸，碘颜色消失。若不发生反应，可温水加热。反应开始剧烈，必要时可冷水冷却，缓和后，自冷凝管上端加 25mL 无水乙醚。搅拌，滴入剩余正溴丁烷-无水乙醚混合液，控制滴速维持反应液微沸。滴完后，在热水浴上回流 20min，使镁屑几乎作用完全。

2. 2-甲基-2-己醇的制备

将上面制好的格氏试剂在冰水冷却下搅拌，自恒压滴液漏斗滴入 10mL 丙酮和 15mL 无水乙醚混合液，控制滴速，勿使反应过猛。加完后，室温下继续搅拌 15min，得灰白色浑浊液体。

反应瓶在冰水冷却和搅拌下，自恒压滴液漏斗中分批加入 100mL 10％冷硫酸溶液，分解上述加成产物（开始慢滴，后可渐快）。分解完全后，将溶液倒入分液漏斗，分出醚层。水层每次用 25mL 乙醚萃取两次，合并醚层，用 30mL 5％碳酸钠溶液洗涤一次，分液，无水碳酸钾干燥。将干燥后的粗产物乙醚溶液滤到小烧瓶中，温水浴蒸去乙醚，再在电热套上直接加热蒸出产品，收集 137～141℃馏分，产量7～8g。本实验约需 6h。

3. 结构鉴定

将合成的 2-甲基-2-己醇的红外光谱图与标准样的红外光谱图对比，如二者一致，则可确定产物为 2-甲基-2-己醇。

五、注意事项

1. 所用仪器要绝对干燥，否则实验很难进行。

2. 镁条的处理：可用细砂纸擦出金属断面后，用无水棉球擦净后截断使用。

3. 如果样品滴加后数分钟仍不见反应，可用 40～50℃水浴温热，或再加几粒碘引发反应。

4. 如反应过快，应停止滴加溴丁烷或用水冷却，使反应呈微沸状态。直到镁屑全反应完为止。

5. 10％硫酸分解应注意先慢慢滴加，然后逐渐加快，且注意反应放热，要用冷水冷却。

6. 乙醚易挥发，易燃，忌用明火，注意通风。

六、思考题

1. 本实验在将格氏试剂加成物水解前的各步反应中，为什么使用的仪器与试剂均须干燥？为此你采取了什么措施？

    2. 实验有哪些副反应？如何避免？

    3. 如反应未开始前加入大量 1-溴丁烷有什么不好？

    4. 本实验得到的粗产物能不能用无水氯化钙干燥？

实验 22　苯片呐酮的合成及结构鉴定

一、实验目的

1. 了解激发态分子化学行为和光化学分子合成的基本原理。
2. 初步掌握光化学合成实验技术。
3. 掌握制备苯片呐醇和苯片呐酮的方法。

二、实验原理

本实验以二苯酮为原料采用光化学还原偶联制备苯片呐醇，以自制原料苯片呐醇合成苯片呐酮。

片呐醇一般通过羰基化合物的还原偶联来制备。按照采用的方法和试剂的不同，可分为：光化学还原偶联、电化学还原偶联、金属试剂或金属配合物的还原偶联。羰基化合物还原偶联为片呐醇一般遵循单电子转移历程，反应中除了双分子偶联产物外，还有单分子还原产物，偶合产物又有两个手性中心，这为片呐醇的有效合成增加了困难。

为了有效控制反应的化学选择性和产物的立体选择性，寻求新的金属试剂和新的反应体系一直是人们关注和研究的热点。随着新技术的应用以及新试剂的不断引入，对此类反应的研究又有了新的成果和方法，实现片呐醇的绿色合成已成为该领域的研究热点之一。其中光化学还原偶联以及以水作溶剂的金属试剂还原偶联制备片呐醇是目前的发展趋势。

二苯酮的光化学还原是研究得较清楚的光化学反应之一。若将二苯酮溶于一种质子给予体的溶剂中，如异丙醇，并将其暴露于紫外线中时，会形成一种不溶性的二聚体——苯片呐醇。还原过程是一个包含自由基中间体的单电子反应；苯片呐醇与强酸共热或用碘作为催化剂，在冰醋酸中发生重排反应，生成苯片呐酮。

反应方程式如下：

该还原过程是一个包含自由基中间体的单电子反应。羰基化合物受光的激发后，会发生两种不同的跃迁：n→π* 跃迁和 π→π* 跃迁，与 π→π* 跃迁相比，n→π* 跃迁所需的能量要低得多，因此羰基化合物的光化学反应多是由 n→π* 跃迁引起的。实践证明，二苯酮的光化学反应是 n→π* 三线态的反应。

三、仪器与试剂

1. 仪器

锥形瓶，电热套，聚四氟乙烯生料带，抽滤瓶，布氏漏斗，圆底烧瓶，球形冷凝管，红外光谱仪。

2. 试剂

二苯酮，异丙醇，碘，冰醋酸，95%乙醇。

四、实验步骤

1. 苯片呐醇的制备（光化学反应）

在干燥的 25mL 锥形瓶中加入 2.8g 二苯酮和 20mL 异丙醇，在水浴上温热使二苯酮溶解，向溶液中加入 1 滴冰醋酸，再用异丙醇将锥形瓶充满，用磨口塞将瓶口塞紧，尽可能排出瓶内的空气，必要时可补充少量异丙醇。放在向阳的窗台或平台上，光照 1 周。

由于生成的苯片呐醇在溶剂中的溶解度很小，随着反应的进行，苯片呐醇晶体从溶液中析出。待反应完成后，在冰浴中冷却使结晶完全。真空抽滤，并用少量异丙醇洗涤结晶，得到大量无色晶体，干燥后称量，测定熔点并计算产率。熔点 187～189℃。纯苯片呐醇的熔点为 189℃。

2. 苯片呐酮的制备（片呐醇重排）

在 50mL 圆底烧瓶中加入 1.5g 自制的苯片呐醇、8mL 冰醋酸和一小颗碘粒，加热回流 10min。稍冷后加入 8mL 95%乙醇，充分振摇后让其自然冷却结晶，抽滤，用少量冷乙醇洗涤（除去吸附的碘），干燥后称重，计算产率，测定其熔点和红外光谱。熔点180～181℃。

3. 结构鉴定

将合成的苯片呐酮的红外光谱图与标准样的红外光谱图对比，如两者一致，则可确定产物为苯片呐酮。

五、注意事项

1. 光化学反应一般需在石英器皿中进行，因为需要比透过普通玻璃波长更短的紫外线的照射，而二苯酮激发的 $n{\rightarrow}\pi^*$ 跃迁所需的照射约为 350nm，这是可透过普通玻璃的波长。

2. 尽量用异丙醇装满锥形瓶，刚开始时不能有沉淀。

3. 加入冰醋酸的目的是中和普通玻璃器皿中微量的碱，碱催化下苯片呐醇易裂解生成二苯甲酮和二苯甲醇，对反应不利。

4. 磨口塞必须用聚四氟乙烯生料带包裹，以防磨口连接处黏结，无法拆卸。

5. 反应进行的程度取决于光照情况，如阳光充足直射下，4 天即完全反应，如天气阴冷，则需 1 周或更长的时间，但时间长短并不影响反应的最终结果。如用日光灯照射，反应时间可明显缩短，3～4 天即可完成。

6. 碘在本实验中的作用像 Lewis 酸一样有助于羟基的离去。

六、思考题

1. 光化学反应的类型有哪些？
2. 发生光化学反应必须具备什么条件？
3. 本实验的反应机理是什么？
4. 光化学反应与传统的热反应相比，有哪些优点？有哪些不足之处？

实验 23 粉防己生物碱的提取分离与鉴定

一、实验目的

1. 了解生物碱的一般提取方法。
2. 练习用低压柱色谱分离、纯化单体的方法及薄层色谱鉴定。

二、实验原理

生物碱大多能溶于氯仿、甲醇、乙醇等有机溶剂，除季铵碱和一些分子量较低或含极性基团较多的生物碱外，一般均不溶或难溶于水，而生物碱与酸结合成盐时，则易溶于水和醇。基于这种特性，可用不同的溶剂将生物碱从中药中提取。常用的提取方法包括溶剂提取法、直接提取法（水溶性生物碱、季铵碱）、离子交换树脂法（如麦角新碱类、咖啡因等）和沉淀法。

一种植物中往往含有几种或几十种生物碱。因此，提取出来的总生物碱还需进一步分离，去除杂质、排除干扰物，保证分析结果的准确性。一般纯化方法析出的生物碱用重结晶法、挥发性生物碱可用水蒸气蒸馏法、易升华的生物碱用升华法提取得到单体。由不同沸点组成的液体生物碱总碱，往往可通过常压或减压分馏分离。如毒芹中的毒芹碱和羟基毒芹碱，石榴皮中的伪石榴皮碱、异石榴皮碱和甲基异石榴皮碱等都可通过减压分馏法分离出来。许多生物碱的盐比游离碱更易于结晶。因此，可利用其在各种溶剂中的不同溶解度进行分离，之后再转变成游离碱。

汉防己为防己科千金藤属植物的根，是祛风解热镇痛药物，其有效成分为生物碱。主要是汉防己甲素和汉防己乙素。临床上除用作治疗高血压、神经性疼痛、抗阿米巴原虫外，还将粉防己生物碱的碘甲基或溴甲基化合物作为肌肉松弛剂应用，此外，汉防己甲素在动物实验中有抗癌和扩张血管的作用。

汉防己根中总生物碱含量为 $1.5\% \sim 2.3\%$，主要为汉防己甲素，几乎不溶于水，含量约 1%；汉防己乙素，几乎不溶于水，含量约 0.5%；轮环藤酚碱，水溶性季铵生物碱，含量为 0.2%；以及其他数种微量生物碱。

三、仪器与试剂

1. 仪器

烧杯，渗筒，锥形瓶，抽滤瓶，布氏漏斗，索氏提取器，球形冷凝管，色谱柱，空压机，薄层色谱板，展开槽，长颈漏斗。

2. 试剂

汉防己药材粗粉，0.5%硫酸，新鲜石灰乳，乙醚，乙醇，氯化钠，净砂，5%HCl，改良碘化铋钾试剂，丙酮，硅胶：颗粒直径介于经典柱色谱（$100 \sim 200 \mu m$）和 HPLC（约 $37 \mu m$）之间。

四、实验步骤

1. 生物碱的提取分离

（1）总生物碱的提取和亲脂性与亲水性生物碱的分离

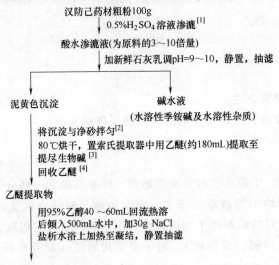

汉防己药材粗粉100g

0.5%H$_2$SO$_4$溶液渗漉[1]

酸水渗漉液（为原料的3～10倍量）

加新鲜石灰乳调pH=9～10，静置，抽滤

泥黄色沉淀　　　　　　碱水液
（水溶性季铵碱及水溶性杂质）

将沉淀与净砂拌匀[2]
80℃烘干，置索氏提取器中用乙醚（约180mL）提取至
提尽生物碱[3]
回收乙醚[4]

乙醚提取物

用95%乙醇40～60mL回流热溶
后倾入500mL水中，加30g NaCl
盐析水浴上加热至凝结，静置抽滤

白色沉淀（亲脂性生物总碱，以汉防己甲素、汉防己乙素为主）

[1] 将汉防己粗粉加适量酸液，以能将生药粉末润湿为度（约150mL），充分拌匀，放置30min，均匀而致密地装入渗筒内，用锥形瓶底部或其他平底工具压紧，供渗漉用，流速约1.5mL·min^{-1}。

[2] 净砂必须事前洗净烘干，拌和量最好不要超过120g，以免索氏提取器一次装不下或装得过多，提不尽生物碱。

[3] 检查生物碱是否提尽的方法：取最后一次乙醚提取液数滴，挥发掉乙醚，残渣加5% HCl 0.5mL溶解后，加改良碘化铋钾试剂一滴，无沉淀析出或明显浑浊时，表明生物碱已提尽，或基本提尽。反之，应继续提取。

[4] 先将提取器内滤纸筒取出。然后将提取管内最后一次乙醚提取液倾出（另器贮存），再将提取管安装好，继续加热，回收烧瓶中乙醚于提取管中，至烧瓶内的乙醚提取液体积较小时，停止回收，将烧瓶中乙醚提取液倾出。

（2）低压柱色谱分离汉防己甲素和汉防己乙素

低压柱色谱是在低压下（0.5～3kgf·cm^{-2}，一般0.3～1.2kgf·cm^{-2}，1kgf·cm^{-2}≈98kPa）采用颗粒直径介于经典柱色谱（100～200μm）和HPLC（约37μm）之间的薄层色谱用硅胶（或氧化铝）H或G（50～75μm）作为填充剂的一种柱色谱，其基本原理与HPLC相同，分离效果也介于经典柱与HPLC之间，用减压干法装柱，铺层紧密均匀，色谱带分布集中整齐，同时薄层色谱的最佳分离溶剂系统可以直接用于低压柱色谱，它是一种分离效果较好，设备简单，操作方便、快速的方法。适于天然产物的常量制备性分离。

① 装柱　减压干法装柱，色谱柱规格：柱长30cm，内径2cm，共装硅胶约30g（高约22cm）。

② 拌样加样　取汉防己碱约150mg，加少量丙酮热溶（刚刚溶解为度），用滴管加到1.5g硅胶上，仔细拌匀，水浴上蒸干，碾细，通过一个长颈漏斗小心加在柱顶，轻轻垂直顿击，待样品表面平整不拌动时，上面再盖1～2cm高的空白硅胶，再加盖一圆形滤纸片或

一团棉花，压紧。

③ 洗脱　先检查从空压机至色谱柱各阀门管道是否正常，关紧各个阀门，开动空压机至额定压力（5.8kgf·cm⁻²）待用。用滴管顺色谱柱柱壁仔细加入少量洗脱剂（环己烷-乙酸乙酯-二乙胺＝6：2：0.8），当液面达到一定高度时，再一次加入其余洗脱剂（共约250mL），迅速在柱顶上装上玻璃标口塞接头，用铁夹压紧（防加压时接头冲开），小心开启空压机阀门，再开针形阀和空气过滤减压器（注意：压力过大，玻璃柱会炸，一般2kg是安全的，必要时可戴防护面罩）调节所需压力，0.6～1.2kgf·cm⁻²，约40min后流出，控制流速1mL·min⁻¹，每10min左右接收一管，收12～15份，洗脱全过程约3h。

④ 检查　各流分分别移入小玻璃蒸发器中，于水浴上浓缩，分别通过TLC检查，以硅胶G为吸附剂，展开剂：环己烷-乙酸乙酯-二乙胺＝6：3：1，改良碘化铋钾试剂喷雾显色，以汉防己甲素、汉防己乙素为标准品对照，合并相同组分，分别获得汉防己甲素、汉防己乙素粗品，用丙酮重结晶，测定熔点。

2. 鉴定方法

（1）衍生物制备

取汉防己甲素0.2g，溶于2mL丙酮中，滴加苦味酸饱和水溶液至不再析出黄色沉淀为止，抽滤收集沉淀，顺次以少量水-乙醚洗涤，乙醇重结晶，得汉防己甲素苦味酸盐，m. p. 235～242℃（dc）。

（2）有机胺碱的TLC

样品：分出的汉防己甲素、汉防己乙素、总生物碱。

展开剂：环己烷-乙酸乙酯-二乙胺（6：2：1）。

显色剂：改良碘化铋钾试剂（展开后用电吹风吹干再喷显色剂，以免二乙胺干扰）。

现象：汉防己甲素显色后呈淡棕色，2h左右就褪色，而汉防己乙素呈棕色，久置不褪色，可帮助其辨认。

记录 R_f 值。

五、注意事项

1. 在刚开始实验加石灰乳时，pH值不能过高和长时间煮沸，否则会降低产品收率。其作用为：既能达到碱溶解提取生物碱的目的，还可以除去汉防己粗粉中大量的黏液质和酸性树脂（形成钙盐沉淀）。

2. 过滤时，使用尼龙布过滤，速度会快一些，但是所得滤液仍会有少量沉淀，过滤效果不大理想。使用布氏漏斗抽滤时，使用一层滤纸很容易穿透，使用两层滤纸则容易造成堵塞，过滤速度极慢，基本上只能一滴一滴进行，过滤要持续2h，很浪费时间。特别在重结晶后，溶液不能趁热过滤，有很多产品都在滤纸上析出，大大影响了产品收率。

产品过滤时的改进方法：在使用尼龙布过滤后，可再次用尼龙布过滤一次，减少固体杂质，再用布氏漏斗，双层滤纸过滤，这样溶液就会减少很多杂质，过滤速度也会得到提高，最后产品的收率也会提升。

六、思考题

1. 索氏提取器的工作原理是什么？

2. 有机化学中常见的分离纯化方法有哪些？原理是什么？

实验 24 偶氮苯的制备及其光异构化

一、实验目的

1. 了解偶氮苯的制备及光学异构原理。
2. 掌握薄层色谱分离异构体的方法。

二、实验原理

偶氮基—N＝N—与两个烃基相连而生成的化合物称为偶氮化合物，通式为：R—N＝N—R′。偶氮化合物存在顺式和反式两种异构体：反式为橙红色棱形晶体，顺式为橙红色片状晶体。通常制得的是较为稳定的反式异构体。反式偶氮苯在光的照射下能吸收紫外线形成活化分子。活化分子失去过量的能量回到顺式或反式基态，得到顺式和反式异构体。

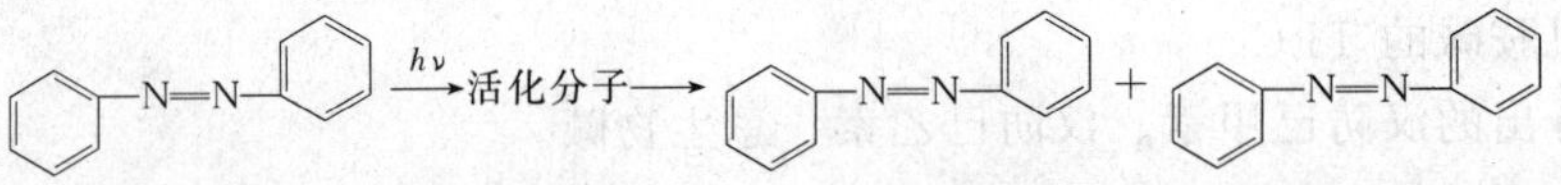

生成的混合物的组成与所使用的光的波长有关。当用波长为 365nm 的紫外线照射偶氮苯的苯溶液时，生成 90% 以上的热力学不稳定的顺式异构体；若在日光照射下，则顺式异构体仅稍多于反式异构体。反式偶氮苯的偶极矩为 0，顺式偶氮苯的偶极矩为 3.0D。两者极性不同，遂可利用薄层色谱把它们分离开。

利用偶氮化合物顺、反式之间可以互相转换这个性质可以制作很多光学材料，应用于光通讯、光调制、传输器件等领域。同时偶氮基是一个发色团，因此芳香偶氮化合物一般具有鲜艳的颜色，偶氮染料是品种最多、应用最广的一类合成染料。

制备偶氮苯最简便的方法是用镁粉还原溶解于甲醇中的硝基苯。反应方程式如下：

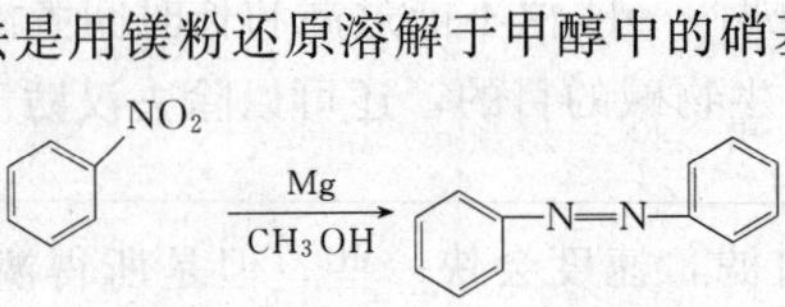

主要副反应：

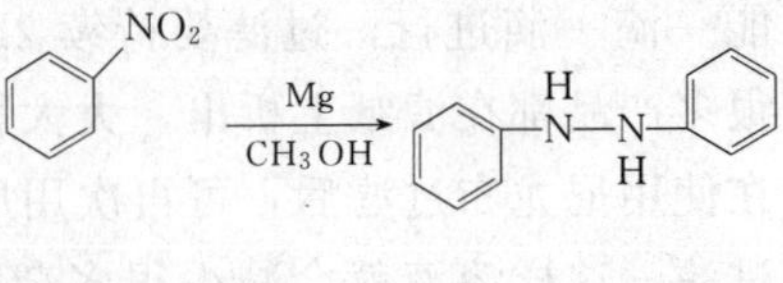

三、仪器与试剂

1. 仪器
圆底烧瓶，球形冷凝管，电热套，烧杯，试管，薄层色谱板，展开槽。

2. 试剂
硝基苯，镁条，甲醇，碘，冰醋酸，无水乙醇，苯，环己烷。

四、实验步骤

1. 偶氮苯的制备

在干燥的 100mL 圆底烧瓶中，加入 1.9mL（0.018mol）硝基苯、46.5mL（1.1mol）甲醇和一小粒碘，装上球形冷凝管，振荡反应物。加入 1g 除去氧化膜的镁粉（引发反应），反应立即开始，保持反应正常进行，注意反应不能太激烈，也绝不能停止反应。待大部分镁屑反应完全后，再加入 1g 镁粉，反应继续进行，反应溶液由淡黄色渐渐变成黄色，等镁粉完全反应后，加热回流 30min 左右，溶液呈淡黄色透明状。

趁热将反应液在搅拌下倒入 70mL 冰水中，用冰醋酸小心中和至 pH＝4～5，析出橙红色固体，过滤，用少量水洗涤固体，固体用无水乙醇重结晶。得到约 1g 产品，纯反式偶氮苯为橙红色片状晶体，熔点为 68.5℃。

2. 光化异构化

取 0.1g 偶氮苯，溶于 5mL 左右的苯中，将溶液分成两等份，分别装于两个试管中，其中一个试管用黑纸包好放在阴暗处，另一个则放在阳光下照射。

3. 异构体的分离——薄层色谱

用毛细管各取上述两试管中的溶液分别点在薄层色谱板上。用 1∶3 的苯-环己烷溶液作展开剂，在展开槽中展开，计算顺、反异构体的 R_f 值（样品移动的距离/展开剂移动的距离）。

五、注意事项

1. 加冰醋酸时，应在搅拌下缓慢加入，禁止快速倒入。

2. 冰醋酸的用量要略多一点，至有橙红色固体析出为宜。

3. 镁粉不能过量并控制反应时间，以免在过量还原剂存在的情况下，偶氮苯进一步还原产生氢化偶氮苯。

六、思考题

1. 硝基苯制备偶氮苯的反应机理是什么？

2. 粗制偶氮苯在提纯过程中有少量无水乙醇不溶物，它可能是什么杂质？是怎样产生的？

3. 薄层色谱的原理是什么？

4. 在混合物用薄层色谱分离过程中，如何判定各组分在薄层上的位置？

实验 25　乙酰基二茂铁的合成及结构表征

一、实验目的

1. 通过乙酰化二茂铁的制备，了解利用傅-克（Friedel-Crafts）酰基化反应制备非苯芳酮的原理和方法。
2. 学习柱色谱分离提纯产品和薄层色谱跟踪反应进程的原理和操作方法。
3. 学习金属有机金属化合物的制备原理和方法。
4. 学会用红外光谱等方法对产物进行表征。

二、实验原理

二茂铁是橙色固体，是一种具有"三明治"夹心结构的过渡金属有机配合物，又名双环戊二烯基铁。二茂铁及其衍生物可作为火箭燃料的添加剂、汽油的抗爆剂、硅树脂和橡胶的防老剂及紫外线吸收剂等。

二茂铁具有类似于苯的芳香性，其茂基环上能发生多种取代反应，特别是亲电取代反应（例如 Friedel-Crafts 反应）比苯更容易，可以制得二茂铁的多种衍生物。二茂铁与乙酸酐反应可制得乙酰二茂铁，但根据反应条件的不同形成的产物可以是单乙酰基取代物或双乙酰基取代物。一般认为，以乙酸酐为酰化剂，三氟化硼、氢氟酸、磷酸为催化剂，主要生成一元取代物；如果用无水三氯化铝为催化剂，酰氯或酸酐为酰化剂，当酰化剂与二茂铁的摩尔比为 $2:1$ 时，反应产物以 $1,1'$-二元取代物为主。

二茂铁　　　　乙酰二茂铁　　　　　　$1,1'$-二乙酰基二茂铁

二茂铁及其衍生物的分离通常是用薄层色谱法。本实验用柱色谱分离提纯产品，用薄层色谱法跟踪反应进程。柱色谱和薄层色谱均属于吸附色谱，柱色谱分离提纯是根据二茂铁、乙酰二茂铁、$1,1'$-二乙酰基二茂铁对活性氧化铝吸附能力的差异而进行分离提纯的。用薄层色谱跟踪反应进程，根据二茂铁和乙酰二茂铁的斑点大小可以了解乙酰化反应的进程。

三、仪器与试剂

1. 仪器

圆底烧瓶，干燥管，水浴锅，烧杯，抽滤瓶，布氏漏斗，硅胶板，展开槽，色谱柱，锥形瓶，旋转蒸发仪，红外光谱仪。

2. 试剂

二茂铁，乙酸酐，磷酸（85%），无水氯化钙，Na_2CO_3 饱和水溶液，己烷（石油醚），二氯甲烷，甲醇，乙酸乙酯，pH试纸，中性氧化铝。

四、实验步骤

1. 乙酰二茂铁的制备

在 50mL 圆底烧瓶中，加入 0.5g 二茂铁和 2.5mL 乙酸酐，用水浴冷却，在振荡下用滴管慢慢加入 1mL 磷酸（85%）。加完后，用装有氯化钙干燥管的塞子塞住瓶口，在沸水中加热约 20min，并时常摇动，在反应期间定期用胶头滴管在液面上吸取 2 滴左右反应液放入小试管中，加入 10 滴 CH_2Cl_2，所得溶液用薄层色谱法展开（展开剂为石油醚：乙酸乙酯＝9：1），以了解反应进程。反应完成后，将反应混合物倾入盛有 20g 碎冰的 250mL 烧杯中，并用 5mL 冷水涮洗烧瓶，将洗液并入烧杯。在搅拌下，分批加入饱和 Na_2CO_3 水溶液，至溶液呈中性为止，需 25～30mL。将中和后的反应混合物置于冰浴中冷却 10min，抽滤收集析出的橙黄色固体，每次用 25mL 冰水洗涤两次，压干后在空气中晾干（或红外灯下烘干，低于 60℃）。烘干后记录产品质量。

2. 柱色谱

取 10～15g 中性氧化铝进行湿法装柱，溶剂为己烷（石油醚），装柱时不要在柱中留有气泡，以免影响分离效果。

将干燥后的粗产物溶于适量的二氯甲烷（约 5mL）即得粗产物的浓缩液。从柱顶加入上述浓缩液，用己烷（石油醚）作洗脱剂从柱顶加入，黄色的二茂铁谱带首先从柱下流出。

当黄色谱带完全洗脱下来时，改用体积比 1：1 的二氯甲烷-己烷（石油醚）作为淋洗剂进行洗脱，同时橙色带（乙酰二茂铁）往下移动，橙色色带即将流出时，换第二个接收瓶接收，逐渐改变溶剂比例至体积比 9：1 的二氯甲烷-己烷（石油醚），则橙色带完全洗脱下来。

最后改用体积比 9：1 的二氯甲烷-己烷甲醇洗脱时，可以看到少量红色色带（二乙酰基二茂铁）流出，换第三个接收瓶接收。

将相应的溶液置于通风橱中让其自然挥发或旋转蒸发仪上浓缩至干，可得纯二茂铁、乙酰二茂铁或二乙酰基二茂铁。

3. 薄层色谱

取少许干燥后的粗产物、二茂铁、乙酰二茂铁、二乙酰基二茂铁分别溶于 CH_2Cl_2 中，取一块硅胶板，用细的毛细管分别吸取上述两种溶液，将其分别点在硅胶板底边约 1cm 处的硅胶上，点要尽量圆而小，两点的高度要一致，点样时不要破坏硅胶层，晾干。

用石油醚-乙酸乙酯（9：1）溶剂系统展开，溶剂的高度约 0.5cm（不要超过载玻片上的点样高度），将硅胶板放入展开槽中观察斑点的位置并分别找出纯二茂铁样点、乙酰二茂铁样点和二乙酰基二茂铁样点，测定并计算三个样点的 R_f 值（化合物移动的距离/展开剂移动的距离）。

4. 结构表征

将得到的乙酰二茂铁，测定其红外光谱图，并与文献值比较，指出红外光谱图中特征吸收峰的归属。

五、注意事项

1. 加入磷酸时要边搅拌边滴加。改变加料顺序会使二茂铁分解成黏稠的褐色物质。控制磷酸的滴加速度是实验成功的关键之一。

2. 反应仪器必须预先烘干；沸水要沸腾，但加热时间不能太长，防止产物变黑，反应正常时析出橘红色结晶。

3. 用 Na_2CO_3 饱和水溶液中和粗产物时，逸出大量气体，出现剧烈鼓泡，应小心缓慢滴加，防止因加入速度过快导致产物被夹带逸出。也可以在中和时，用冰水浴做外浴。

4. 装柱要紧密结实，不能有气泡，否则影响分离效果。

5. 也可取少许干燥后的粗产物溶于苯，用苯-乙醇（体积比 20∶1）作展开剂。注意：苯毒性较大，不推荐使用。

6. 在装柱、洗脱过程中，始终保持有溶剂覆盖吸附剂。一个色带与另一色带的洗脱液的接收不要交叉。

7. 可用紫外分析仪或碘蒸气显色。

六、思考题

1. 二茂铁乙酰化的机理是什么？

2. 薄层色谱中常用展开剂的极性大小顺序是怎样的？展开剂极性对样品的分离有何影响？

3. 点样时应注意什么？

4. 柱色谱中，若洗脱剂选用极性偏大，对分离有什么影响？

实验 26　BaTiO₃纳米粉的溶胶-凝胶法制备及其表征

一、实验目的

1. 了解纳米粉材料的应用和纳米技术的发展。
2. 学习和掌握溶胶-凝胶法制备纳米粉的原理和方法。
3. 制备纳米钛酸钡粉体。

二、实验原理

纳米科学技术自诞生以来所取得的成就以及对各个领域的影响和渗透一直引人注目。20世纪90年代，世界各国对纳米科学技术的研究都投入了巨大的财力和人力，作为纳米科学技术重要组成部分的纳米材料获得了巨大的发展，纳米材料广泛应用于陶瓷、生物、医学、化工、电子学和光电等领域。由于有机纳米材料具有独特的表面效应、量子效应及局域场效应等大结构特性，表现出一系列与普通多晶体和非晶体物质不同的光、电、力、磁等性能，因此有机纳米材料的制备、结构以及应用前景的开发，将成为21世纪材料科学研究的新热点，然而纳米材料的制备方法与手段直接影响纳米材料的结构、性能及应用，所以发展高效纳米材料制备技术十分重要。溶胶-凝胶（Sol-Gel）法是制备纳米粉的有效方法之一。

溶胶-凝胶技术是指金属有机或无机化合物经过溶液、溶胶、凝胶而固化，再经热处理而成氧化物或其他化合物固体的方法。该法历史可追溯到19世纪中叶，Ebelman发现正硅酸乙酯水解形成的SiO_2呈玻璃状，随后Graham研究发现SiO_2凝胶中的水可以被有机溶剂置换，此现象引起化学家注意。经过长时间探索，逐渐形成胶体化学学科。在20世纪30～70年代矿物学家、陶瓷学家、玻璃学家分别通过溶胶-凝胶方法制备出相图研究中均质试样，低温下制备出透明PLZT陶瓷和Pyrex耐热玻璃。核化学家也利用此法制备核燃料，避免了危险粉尘的产生。这一阶段把胶体化学原理应用到制备无机材料获得初步成功，引起人们的重视，认识到该法与传统烧结、熔融等物理方法不同，引出"通过化学途径制备优良陶瓷"的概念，并称该法为化学合成法或SSG法（solution-Sol-Gel）。另外该法在制备材料初期就进行控制，使均匀性可达到亚微米级、纳米级，甚至分子级水平，也就是说在材料制造早期就着手控制材料的微观结构，而引出"超微结构工艺过程"的概念，进而认识到利用此法可对材料性能进行剪裁。

溶胶-凝胶法不仅可用于制备微粉，而且可用于制备薄膜、纤维和复合材料，其优缺点如下。

① 高纯度。粉料（特别是多组分粉料）制备过程中无需机械混合，不易引进杂质。

② 化学均匀性好。由于溶胶-凝胶过程中，溶胶由溶液制得，化合物在分子级水平混合，故胶粒内及胶粒间化学成分完全一致。

③ 颗粒细。胶粒尺寸小于$0.1\mu m$。

④ 该法可容纳不溶性组分或不沉淀组分。不溶性颗粒均匀地分散在含不产生沉淀的组

分的溶液中，经溶胶凝化，不溶性组分可自然地固定在凝胶体系中，不溶性组分颗粒越细，体系化学均匀性越好。

⑤ 掺杂分布均匀。可溶性微量掺杂组分分布均匀，不会分离、偏析，比醇盐水解法优越。

⑥ 合成温度低，成分容易控制。

⑦ 粉末活性高。

⑧ 工艺、设备简单，但原材料价格昂贵。

⑨ 烘干后的球形凝胶颗粒自身烧结温度低，但凝胶颗粒之间烧结性差，块体材料烧结性不好。

⑩ 干燥时收缩大。

钛酸钡（$BaTiO_3$）具有良好的介电性，是电子陶瓷领域应用最广的材料之一。传统的 $BaTiO_3$ 制备方法是固相合成，这种方法生成的粉末颗粒粗且硬，不能满足高科技应用的要求。现代科技要求陶瓷粉体具有高纯、超细、粒径分布窄等特性，纳米材料与粗晶材料相比在物理和力学性能方面有极大的差别。由于颗粒尺寸减小引起材料物理性能的变化主要表现在：熔点降低、烧结温度降低、荧光谱峰向低波长移动、铁电和铁磁性能消失、电导增强等。溶液化学法是制备超细粉体的一种重要方法，其中以溶胶-凝胶法最为常用。

1. 溶胶-凝胶法的基本原理

溶胶-凝胶（简称 Sol-Gel）法是以金属醇盐的水解和聚合反应为基础的。其反应过程通常用下列方程式表示。

① 水解反应

$$M(OR)_4 + xH_2O \rightleftharpoons M(OR)_{4-x}(OH)_x + xROH$$

② 缩合-聚合反应

失水缩合—M—OH+OH—M— $\longrightarrow$ —M—O—M—+H_2O

失醇缩合—M—OR+OH—M— $\longrightarrow$ —M—O—M—+ROH

缩合产物不断发生水解、缩聚反应，溶液的黏度不断增加。最终形成凝胶（含金属-氧-金属键的网络结构）的无机聚合物。正是由于金属-氧-金属键的形成，使 Sol-Gel 法能在于低温下合成材料。Sol-Gel 技术关键就在于控制条件发生水解、缩聚反应形成溶胶、凝胶。

2. 溶胶-凝胶方法合成 $BaTiO_3$ 纳米粉体的工艺流程及原理

该方法的简单原理是：钛酸四丁酯是一种非常活泼的醇盐，遇水会发生剧烈的水解反应，吸收空气或体系中的水分而逐渐水解，水解产物发生失水缩聚形成三维网络状凝胶，而 Ba^{2+} 或 $Ba(Ac)_2$ 的多聚体均匀分布于网络中。高温热处理时，溶剂挥发或灼烧—Ti—O—Ti—多聚体与 $Ba(Ac)_2$ 分解产生的 $BaCO_3$（X 射线衍射分析表明，在形成 $BaTiO_3$ 前有 $BaCO_3$ 生成），生成 $BaTiO_3$。

纳米粉的表征可以用 X 射线衍射（X-ray diffaction，XRD）、透射电子显微镜（transmission electron microscopy，TEM）和比表面积测定、红外透射光谱等方法，本实验仅采用了 XRD 技术。

三、仪器与试剂

1. 仪器

氧化铝坩埚，马弗炉，光电天平，磁力搅拌器，烧杯，50mL 量筒，玻璃棒，烘箱，研体，X 射线衍射仪等。

2. 试剂

钛酸四丁酯，正丁醇，冰醋酸，醋酸钡，pH 试纸，滤纸。

四、实验步骤

1. 溶胶及凝胶的制备

准确称取钛酸四丁酯 10.2108g（0.03mol），置于小烧杯中，倒入 30mL 正丁醇使其溶解，搅拌下加入 10mL 冰醋酸，混合均匀。另准确称取等物质的量的已干燥过的无水醋酸钡（0.03mol，7.6635g），溶于 15mL 蒸馏水中，形成 $Ba(Ac)_2$ 水溶液。将其加到钛酸四丁酯的正丁醇溶液中，边滴加边搅拌，混合均匀后用冰醋酸调 pH 值为 3.5，即得淡黄色澄清透明的溶胶。用普通分析滤纸将烧杯口盖上、扎紧，室温下静置 24h，即可得到近乎透明的凝胶。

2. 干凝胶的制备

将凝胶捣碎，置于烘箱中，在 100℃ 温度下充分干燥（24h 以上），去除溶剂和水分，即得干凝胶。研细备用。

3. 高温灼烧处理

将研细的干凝胶置于氧化铝坩埚中进行热处理。先以 $4℃·min^{-1}$ 的速度升温至 250℃，保温 1h，以彻底除去粉料中的有机溶剂。然后以 $8℃·min^{-1}$ 的速度升温至 1000℃，高温灼烧保温 2h，然后自然降至室温，即得到白色或淡黄色固体，研细即可得到结晶态 $BaTiO_3$ 纳米粉。$BaTiO_3$ 纳米粉的制备流程如图 26-1 所示。

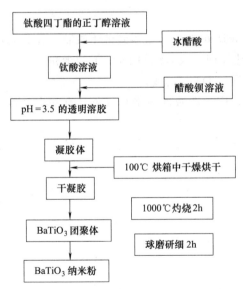

图 26-1　溶胶-凝胶（Sol-Gel）法制备 $BaTiO_3$ 纳米粉的工艺过程

4. 纳米粉的表征

将 $BaTiO_3$ 粉涂于专用样品板上，于 X 射线衍射仪上测定衍射图。

五、结果与讨论

对得到衍射图的数据进行计算机检索或与标准图谱对照，可以证实所得 $BaTiO_3$ 是否为结晶态，同时还可以根据给出的公式计算，所得 $BaTiO_3$ 是否为纳米粒子。$BaTiO_3$ 纳米粉 XRD 标准谱图见图 26-2 。

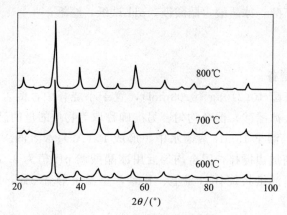

图 26-2　$BaTiO_3$ 纳米粉 XRD 标准谱图

$BaTiO_3$ 纳米粉的平均晶粒尺寸可以由下式计算：

$$D = \frac{0.9\lambda}{\beta\cos\theta}$$

式中，D 为晶粒尺寸，纳米微粒一般为 $1\sim100nm$；λ 为入射 X 射线波长，对 Cu 靶，$\lambda = 0.1542nm$；θ 为 X 射线衍射的布拉格角（以度计）；β 为 θ 处衍射峰的半高宽（以弧度计），其中 β 和 θ 可由 X 射线衍射数据直接给出。

六、注意事项

1. 本实验使用广义的溶胶-凝胶法水解得到的干凝胶，并非无定形的$BaTiO_3$，而是一种混合物，只有经过适当的热处理才成为纯的 $BaTiO_3$ 纳米粉。

2. 确定热处理温度要通过 DTA 曲线。

3. 在制备前体溶胶时，应为清澈透明略有黄色且有一定黏度，若出现分层或沉淀，则表示失败。

实验 27 氢氧化铁溶胶的制备、纯化及聚沉值的测定

一、实验目的

1. 学习制备、纯化氢氧化铁溶胶的方法。
2. 比较不同价数的电解质对 $Fe(OH)_3$ 溶胶的聚沉能力。
3. 掌握聚沉值的测定方法。

二、实验原理

胶体溶液是分散相的半径在 $1\sim100nm$ 范围内的高分散多相体系。因分散粒子小，表面能高，因而是热力学不稳定体系（要依靠稳定剂使其形成粒子或者分子吸附层，才能得到暂时的稳定）。溶胶的制备方法叫分为两类。

（1）分散法

分散法是把较大物质颗粒变为胶体大小的质点的方法。常用的有：机械作用法、电弧法、超声波法和胶溶作用。

（2）凝聚法

凝聚法是把物质的分子或离子聚合成胶体大小的质点的方法。常用的有：凝结物质蒸汽；变换分散介质或改变实验条件（如降低温度），使原来溶解的物质变成不溶的物质；在溶液中进行化学反应，使生成不溶解的物质。本实验采用化学反应法。

$FeCl_3$ 在水溶液中水解生成 $Fe(OH)_3$ 溶胶

$$FeCl_3 + 3H_2O \longrightarrow Fe(OH)_3 + 3HCl$$

溶胶表面的 $Fe(OH)_3$ 再与 HCl 反应

$$Fe(OH)_3 + HCl \longrightarrow FeOCl + 2H_2O$$

$$FeOCl \longrightarrow FeO^+ + Cl^-$$

$Fe(OH)_3$ 溶胶胶核吸附 FeO^+ 而带正电，由于整个胶体体系是电中性的，溶液中存在与胶核所带电荷相反的离子即 Cl^-，胶核固相的表面电荷和液相中的反离子 Cl^- 会形成双电层，Cl^- 一方面受到固相表面电荷的静电吸引；另一方面由于离子本身的热运动而扩散开去，由于这两种相反作用的结果，造成反离子逐渐向外呈扩散状分布，紧靠固体表面附近的反离子的数目较多，且随着离固体表面距离的增大而减少，形成一个扩散双电层。扩散双电层由紧密层和扩散层两部分构成。

扩散层和紧密层的交界面称为滑动面，滑动面与界面内部的电位差称为电动电势或 ζ 电势，此电势只有在电场中才能显示出来。ζ 电势的大小是衡量溶胶稳定性的重要参数。

增加溶液中电解质的浓度会减小扩散层厚度，ζ 电势会减小，当 ζ 电势减小到零时，此时胶粒不带电荷，会发生聚沉。当加入高价反离子，浓度较大时，有可能使 ζ 电势的符号改变，使胶粒重新带相反的电荷而不聚沉。

电解质对溶胶的聚沉能力通常用聚沉值来表示。聚沉值是使一定量的溶胶在一定时间内完全聚沉所需电解质的最小浓度。聚沉能力主要取决于与胶粒带相反电荷的离子的价数。反离子的价数越高，其聚沉能力越大，聚沉值越小；与胶粒具有相同电荷的离子价数越高，电解质聚沉能力越弱。

聚沉值的测量要用比较纯净的溶胶，这就要求对溶胶进行纯化。本实验采用渗析法，即通过半透膜除去溶胶中多余的电解质来达到纯化的目的。

三、仪器与试剂

1. 仪器

电导率仪，烧杯（250mL、500mL、1000mL），量筒（10mL、100mL），1mL移液管，5mL移液管，10mL移液管，150mL锥形瓶，150mL棕色试剂瓶，试管架，试管。

2. 试剂

10% $FeCl_3$ 溶液，5mol·L^{-1} KCl溶液，0.01mol·L^{-1} $K_3[Fe(CN)_6]$ 溶液，0.01mol·L^{-1} K_2SO_4 溶液，2.000mol·L^{-1} NaCl溶液，0.010mol·L^{-1} Na_2SO_4 溶液，0.005mol·L^{-1} Na_3PO_4·12H_2O 溶液，市售6%火棉胶溶液，KCl或稀 HNO_3 溶液。

四、实验步骤

1. 水解法制备 Fe(OH)₃溶胶

方法一：

在250mL烧杯中，加入100mL蒸馏水，慢慢滴入5mL10% $FeCl_3$ 溶液，并不断搅拌，加完后继续保持沸腾5min，即可得红棕色 $Fe(OH)_3$ 溶胶。在胶体系统中存在过量的 H^+、Cl^- 等需要除去。

方法二：

（1）取100mL烧杯，加入10mL 10% $FeCl_3$ 溶液，加水50mL，先滴入约3mL的10% NH_3·H_2O 溶液。用玻璃棒搅拌一下，静置。等到沉淀下沉，上层清液为无色时，再逐滴加入10% NH_3·H_2O 溶液。每加一滴，仔细观察有无新沉淀生成，直至加入 NH_3·H_2O 后不再产生新的沉淀为止，再过量加入1~2滴氨水。

（2）将沉淀过滤，用蒸馏水洗涤4次。

（3）将沉淀移入另一个100mL烧杯中，加水50mL，再加入10% $FeCl_3$ 溶液2mL，置于调温电炉上，一边加热一边搅拌，沸腾后，补充约20mL蒸馏水，搅拌，继续加热，至沉淀消失呈棕红色透明液体为止，即为 $Fe(OH)_3$ 溶胶。

2. 半透膜的制备

在一个内壁洁净、干燥的250mL锥形瓶中，加入约10mL火棉胶溶液，小心转动锥形瓶，使火棉胶溶液黏附在锥形瓶内壁上形成均匀薄层，倾出多余的火棉胶液于回收瓶中。此时锥形瓶仍需倒置，并不断旋转，待剩余的火棉胶流尽，使瓶中的乙醚蒸发至已闻不出气味为止（此时用手轻触火棉胶膜，已不粘手）。然后再往瓶中注满水，浸泡10min。倒出瓶中的水，小心用手分开膜与瓶壁的间隙。慢慢注水于夹层中，使膜脱离瓶壁，轻轻取出，在膜袋中注入水，观察是否有漏洞，如有小漏洞，可将此漏洞周围擦干，用玻璃棒蘸火棉胶液补之。制好的半透膜不用时，要浸泡在蒸馏水中。

3. 溶胶的净化

将制得的 40mL $Fe(OH)_3$ 溶胶注入半透膜内用线拴住袋口，置于 800mL 的清洁烧杯中，杯中蒸馏水约为 300mL，维持温度在 60℃左右，进行渗析。每 30min 换一次蒸馏水，2h 后取出 1mL 渗析水，分别用 1% $AgNO_3$ 及 1% KSCN 溶液检查是否存在 Cl^- 及 Fe^{3+}，如果仍存在，应继续换水渗析，直到检测不出为止，将纯化过的 $Fe(OH)_3$ 溶胶移入一清洁干燥的 100mL 烧杯中待用。

4. 电解质聚沉值的测定

方法一：

（1）取 6 支干净试管分别以 0~5 编号。1 号试管加入 10mL 2.000mol·L^{-1} NaCl 溶液，0 号及 2~5 号试管中各加入 9mL 蒸馏水。然后从 1 号试管中取出 1mL 溶液，加入 2 号试管中，摇匀，又从 2 号试管中取出 1mL 溶液加入 3 号试管中，以下各试管依次进行，但 5 号试管中取出的 1mL 溶液应弃去，使各试管具有 9mL 溶液，且依次浓度相差 10 倍。0 号作为对照。在 0~5 号试管内分别加入 1mL 纯化了的氢氧化铁溶胶（用 1mL 移液管），并充分摇匀后，放置 2min，确定哪些试管发生了聚沉。最后以聚沉和不聚沉的两支顺号试管内的 NaCl 溶液浓度的平均值作为聚沉值的近似值。

（2）电解质分别换成 0.010mol·L^{-1} Na_2SO_4 溶液、0.005mol·L^{-1} Na_3PO_4·$12H_2O$ 溶液重复上述步骤，并比较其聚沉值的大小。

上述测量，因为聚沉和不聚沉的两支连号试管内的电解质溶液浓度相差 10 倍，所以比较粗略。为了得到更精密的结果，可以在这相差 10 倍的浓度范围内再自行确定浓度进行细分，并进行精密聚沉值的测定实验。

（3）准确聚沉值的测定。如果计算出该电解质的近似聚沉值为 c，则配制浓度为 c 的该电解质溶液 50mL。在步骤（1）的 1~5 号试管中，在 1 号试管中加入 9mL 浓度为 c 的电解质，再向上述试管中加入 1mL、3mL、5mL、7mL 蒸馏水，使每支试管中溶液仍保持 9mL，摇匀后各加入 1mL $Fe(OH)_3$ 溶胶，再摇匀后静置 1min，仍用 0 号试管作为对照，找出最后一支有聚沉的试管。同上述方法，将聚沉和不聚沉的两支顺号试管内的溶液浓度的平均值作为电解质的准确聚沉值。

方法二：

用移液管在 3 支干净的试管中各注入 5mL $Fe(OH)_3$ 溶胶，然后在每支试管中分别用滴管慢慢滴入 5mol·L^{-1} KCl 溶液、0.01mol·L^{-1} K_2SO_4 溶液、0.01mol·L^{-1} $K_3[Fe(CN)_6]$ 溶液，并摇动。注意，在开始有明显聚沉物出现时，即停止加入电解质，记下每次出现浑浊所用的溶液滴数，填入表 27-1 中。试比较这三种电解质聚沉值的大小。

表 27-1 实验数据记录

溶液	KCl	K_2SO_4	$K_3[Fe(CN)_6]$
出现浑浊时所用溶液滴数			

五、实验结果处理

1. 用方法一测电解质的聚沉值。

（1）将 3 种电解质对溶胶聚沉的实验现象用表格形式表示。

（2）计算 3 种电解质的聚沉值，比聚沉能力的大小。

（3）讨论电解质较大时溶胶不聚沉的原因。

2. 用方法二测电解质的聚沉值。

记录溶胶聚沉时电解质加入的量，并比较 3 种电解质聚沉能力的大小。

六、注意事项

1. 制备 $Fe(OH)_3$ 溶胶时，一定要缓慢向沸水中逐渐滴加 $FeCl_3$ 溶液，并不断搅拌，得到的胶体颗粒太大，稳定性就差。

2. 在制备半透膜时，加水的时间应适中，如加水过早，因胶膜中的溶剂还未完全挥发掉，胶膜呈乳白色，强度差不能用，如加水过迟，则胶膜变干、脆，不易去除且易破。

3. 渗析时应控制水温，经常搅动渗析液，勤换渗析液，这样制备得到的胶粒大小均匀，胶粒周围反离子分布趋于合理，基本形成热力学稳定状态，所得的 ζ 电势准确，重复性好。

七、思考题

1. 胶粒带电的原因是什么？如何判断胶粒所带电荷的符号？$Fe(OH)_3$ 溶胶带何种电荷？

2. 简述两种方法有何优缺点？

实验 28　纳米 $CuFe_2O_4$ 的水热合成与性能表征

一、实验目的

1. 了解金属复合氧化物的制备方法。
2. 了解 XRD 等仪器设备在判断物相组成中的应用。
3. 掌握利用高压反应釜制备金属复合氧化物的过程，理解温度、压力等因素对晶相转变、晶体粒度等的影响。

二、实验原理

尖晶石型铁酸盐是一类以 $Fe(Ⅲ)$ 氧化物为主要成分的复合氧化物。从 20 世纪 30 年代以来，人们便开始对之进行系统的研究。它的一般化学式为 MFe_2O_4，M 为二价金属离子，如 Cu^{2+}、Co^{2+}、Ni^{2+}、Zn^{2+}、Mg^{2+} 等。其中 O^{2-} 为立方紧密堆积排列，M^{2+} 和 Fe^{3+} 则按一定规律填充在 O^{2-} 堆积所形成的四面体和八面体空隙中。尖晶石型铁酸盐作为一种软磁性材料已广泛应用于互感器件、磁芯轴承、转换开关以及磁记录材料等方面。近年来，随着超细化技术在材料制备方面的发展，也促进了尖晶石型铁酸盐的超细化制备，从而扩大了其应用范围，尤其在吸附及催化方面的应用，增加了化学工作者和材料科学工作者的兴趣。

一般的固态铁酸盐材料通常是利用 $\alpha\text{-}Fe_2O_3$ 与其他金属氧化物（或碳酸盐等）在高温条件下的固相化学反应而制得，而纳米级铁酸盐粉体一般是利用湿化学方法制备。其中的水热合成方法是指在特制的密闭反应釜中，以水为介质，通过加热，在高温、高压的特殊环境下，使物质间在非理想、非平衡的状态下发生化学反应并且结晶，再经过分离等处理得到产物。水热合成实质上降低了物质的反应温度，是制备纳米材料的重要方法之一。

本实验以氯化铁（$FeCl_3 \cdot 6H_2O$）、硫酸铜（$CuSO_4 \cdot 5H_2O$）、醋酸钠（NaAc）、聚乙烯吡咯烷酮（PVP）为原料在乙二醇中反应一定时间后取出，用 XRD 表征其物相组成。

三、仪器与试剂

1. 仪器

压力反应釜，X 射线衍射仪，烘箱，电动搅拌器，抽滤瓶，布氏漏斗，烧杯（100mL），移液管（20mL），天平。

2. 试剂

氯化铁（$FeCl_3 \cdot 6H_2O$）、硫酸铜（$CuSO_4 \cdot 5H_2O$）、醋酸钠（NaAc），聚乙烯吡咯烷酮（PVP），乙二醇。

四、实验步骤

1. 水热合成

首先将 1.0g PVP 溶解于 40mL 乙二醇中，形成 PVP 的乙二醇溶液。然后向上述溶液中依次加入 2.5mmol $CuSO_4$、5.0mmol $FeCl_3$ 和 30mmol NaAc，搅拌 1h 后转移至 50mL 聚四氟乙烯内衬中，在 200℃下反应 4h。反应结束后用蒸馏水和乙醇洗涤、抽滤，并在 60℃ 下烘 10h 得样品。

2. 物相表征

用 X 射线衍射仪分析产物（衍射角 2θ：10°～70°），从图谱分析物相组成、晶体构型及结晶情况。

五、思考题

1. 纳米级 $CuFe_2O_4$ 有何应用？
2. PVP 在制备纳米粉体中的作用？
3. X 射线衍射仪分析图谱中，半峰宽及峰高与合成温度及时间有何依赖关系？
4. 不同比例的 Cu 和 Fe 对产物 XRD 结果有何影响？

第四部分

研究性综合实验

实验 29　水体中主要污染物的测定（设计）

一、实验目的

1. 了解水质分析的基本流程和相关操作规范。

2. 掌握水质指标分析相关的实验方法及其化学原理。

3. 了解水体污染物分析可采用的仪器及方法原理，如原子吸收分光光度计、原子发射分光光度计、离子色谱仪、紫外-可见分光光度计等。

4. 了解水体样品的采样方法，掌握水样的预处理技术。

二、实验原理

水体中的主要污染物按其存在状态可分为悬浮物、胶体物质和溶解物质三类：悬浮物质主要是泥沙和黏土，大部分来源于土壤和城镇街道径流，少量来自洗涤废水；胶体物质主要是各种有机物，水体中有机物的生物部分，总大肠菌群是检验致病微生物是否存在和水体污染状况的指标之一；水中溶解氧浓度是衡量水中有机物的非生物部分污染程度的重要指标之一，溶解氧浓度（DO）越低，有机物污染越严重，有机物污染的另外两种更常用的指标是化学需氧量（COD）和生化需氧量（BOD），这两种指标越高，表示水体污染程度越大；溶解物质主要是一些完全溶于水的盐类（氯化物、硫酸盐、氟化物等）和溶解气体（二氧化碳、硫化氢等）。

我国水体污染量大而广的主要污染物是耗氧的有机体，危害最大的是重金属和生物难降解的有机物。

三、实验要求

1. 查阅相关文献，选择一种可行的化学或仪器分析方法测定某水体中一种或多种污染物的含量，并设计详细实验方案（包括采样方法、样品的预处理、实验步骤、结果处理等）。

2. 根据实验方案进行实验。

3. 对所得实验数据进行分析，与相关国际标准比较（见表 29-1）。

表 29-1 GB 5749—2006 生活饮用水卫生标准水质部分常规指标及限值

指　　标	限　　值
砷/mg·L^{-1}	0.01
镉/mg·L^{-1}	0.005
铬(六价)/mg·L^{-1}	0.05
铅/mg·L^{-1}	0.01
汞/mg·L^{-1}	0.001
硒/mg·L^{-1}	0.01
氰化物/mg·L^{-1}	0.05
氟化物/mg·L^{-1}	1.0
硝酸盐(以 N 计)/mg·L^{-1}	10,地下水源限制时为 20
三氯甲烷/mg·L^{-1}	0.06
四氯化碳/mg·L^{-1}	0.002
溴酸盐(使用臭氧时)/mg·L^{-1}	0.01
甲醛(使用臭氧时)/mg·L^{-1}	0.9
亚氯酸盐(使用二氧化氯消毒时)/mg·L^{-1}	0.7
氯酸盐(使用复合二氧化氯消毒时)/mg·L^{-1}	0.7
pH 值(pH 单位)	不小于 6.5 且不大于 8.5
铝/mg·L^{-1}	0.2
铁/mg·L^{-1}	0.3
锰/mg·L^{-1}	0.1
铜/mg·L^{-1}	1.0
锌/mg·L^{-1}	1.0
氯化物/mg·L^{-1}	250
硫酸盐/mg·L^{-1}	250
溶解性总固体/mg·L^{-1}	1000
总硬度(以 CaCO$_3$ 计)/mg·L^{-1}	450
耗氧量(COD$_{Mn}$法,以 O$_2$ 计)/mg·L^{-1}	3(水源限制,原水耗氧量＞6mg·L^{-1}时为 5)
挥发酚类(以苯酚计)/mg·L^{-1}	0.002
阴离子合成洗涤剂/mg·L^{-1}	0.3

实验 30 循环伏安法测定配合物的稳定性

一、实验目的

1. 学习循环伏安法的基本原理及操作技术。
2. 了解配合物的形成对金属离子的氧化还原电位的影响。

二、实验原理

循环伏安法是一种十分有用的电化学测量技术，能够迅速地观察到所研究体系在广泛电势范围内的氧化还原行为，通过对循环伏安图的分析，可以判断电极反应产物的稳定性，它不仅可以发现中间状态产物并加以鉴定，而且可以知道中间状态是在什么电势范围及其稳定性如何。此外，还可以研究电极反应的可逆性。因此，循环伏安法已广泛应用在电化学、无机化学、有机化学和生物化学的研究中。

测定时，由于溶液中被测样品浓度非常低，为维持一定的电流，常在溶液中加入一定浓度的惰性电解质如 KNO_3、$NaClO_4$ 等。

本实验是用循环伏安法测定 Fe(Ⅲ) 与几种配体形成配合物的峰电位，以比较由于配位作用对金属离子形成电位的影响，同时还测定 Fe(Ⅲ) 和 Co(Ⅱ) 与同种配体形成配合物的峰电位，比较由于配位作用对两种不同金属离子形成电位的影响。

金属离子的标准还原电位在配位时由于不同电荷金属离子的自由能的不同变化而发生变化。下列方程式表示金属离子在不同氧化态 M^{n+}、$M^{(m-n)+}$ 时与中性配体 L 反应时的自由能变化。

$$M^{m+} + ne^- \longrightarrow M^{(m-n)+} \qquad \Delta G_1^{\ominus} = -nFE_{aq}$$

$$M^{m+} + pL \longrightarrow ML_p^{m+} \qquad \Delta G_2^{\ominus} = -RT\ln K_m$$

$$M^{(m-n)+} + qL \longrightarrow ML_q^{(m-n)+} \qquad \Delta G_3^{\ominus} = -RT\ln K_{(m-n)}$$

式中，K_m、$K_{(m-n)}$ 分别为 ML_p^{m+}、$ML_q^{(m-n)+}$ 的稳定常数，即

$$K_m = [ML_p^{m+}]/[M^{m+}][L]^p \qquad K_{(m-n)} = [ML_q^{(m-n)+}]/[M^{(m-n)+}][L]^q$$

由上述式子可以得出：

$$ML_p^{m+} + ne^- \longrightarrow ML_q^{(m-n)+} + (p-q)L$$

$$\Delta G_4^{\ominus} = -nFE_{aq}^{\ominus} + RT\ln[K_m/K_{(m-n)}]$$

则

$$\frac{\Delta G_4^{\ominus}}{-nF} = E_{ML_p}^{\ominus} = E_{aq}^{\ominus} - \frac{RT}{nF}\ln\left[\frac{K_m}{K_{(m-n)}}\right]$$

从上式可以看出，形成配合物时配离子的标准还原电位 $E_{ML_p}^{\ominus}$ 决定于 $\ln[K_m/K_{(m-n)}]$ 的值。实验中测定的是形式电位，它包含了标准电位介质中其他组分的贡献。根据循环伏安理论，峰电位 E_p（对于可逆体系）与形式电位 $E^{\ominus}$ 的关系为：

$$E_p = E^{\ominus} - \frac{RT}{nF}\ln\left(\frac{D_o}{D_r}\right)^{\frac{1}{2}} - 1.109\frac{RT}{nF}$$

式中，D_o 和 D_r 分别是氧化态和还原态配合物的扩散系数。当配体的浓度足够大能形成 ML_p^{m+}、$ML_q^{(m-n)+}$ 配离子，则配离子的峰电位 E_{pML_p} 为：

$$E_{pML_p} = E_{ML_p}^{\ominus} - \frac{RT}{nF}(p-q)\ln c_L - \frac{RT}{nF}\ln\frac{D_o'}{D_r'} - 1.109\left(\frac{RT}{nF}\right)$$

式中，D_o' 和 D_r' 分别是 ML_p^{m+} 和 $ML_q^{(m-n)+}$ 的扩散系数；c_L 是溶液中配体 L 的浓度。若 $\dfrac{D_o}{D_r} = \dfrac{D_o'}{D_r'}$，$p = q$，则可得：

$$E_{pML_p} - E_p = E_{ML_p}^{\ominus\prime} - E_{ML_p}^{\ominus\prime} = \ln\left[\frac{K_{(m-n)}'}{K_m'}\right]$$

式中，$K_{(m-n)}'$、K_m' 是条件稳定常数。上式表示，可以由 M^{m+} 在有配体 L 存在和没有配体 L 存在时峰电位 E_p 之间的差值，求得条件稳定常数的比值，若已知其中一个条件稳定常数，则可求得另一条件稳定常数。

三、仪器与试剂

1. 仪器

50mL 烧杯，M283 恒电位恒电流仪，50mL 量筒，电磁搅拌器，250mL 烧杯，氮气钢瓶，50mL 容量瓶。

2. 试剂

硫酸铁铵（A.R.），浓硝酸，$CoCl_2 \cdot 6H_2O$，邻菲啰啉，高氯酸钠，乙二胺四乙酸二钠盐，乙醇，甲醇。

四、实验步骤

1. 邻菲啰啉合铁(Ⅱ)配合物的合成

莫尔盐 $FeSO_4 \cdot (NH_4)_2SO_4 \cdot H_2O$ 和邻菲啰啉按 1∶3 的物质的量称取，用大约含有 10% 甲醇的温水溶解，往溶液中加高氯酸钠，生成的结晶用水重结晶，得组成为 $[Fe(C_{12}H_8N_2)_3](ClO_4)_2 \cdot H_2O$ 的配合物。

2. 邻菲啰啉合钴（Ⅱ）配合物的合成

将 0.6g $CoCl_2 \cdot 6H_2O$ 用 25mL 乙醇溶解，过滤除去不溶物，煮沸赶除空气。往溶液中加 20mL 溶解有 1.5g 邻菲啰啉的乙醇溶液，得到棕色溶液，通入氮气保护，用 50mL 除气的纯水稀释，加入过量高氯酸钠，用冷水冷却 15min，析出结晶，过滤，用水洗涤，干燥，得组成为 $[Co(C_{12}H_8N_2)_3](ClO_4)_2$ 的配合物。

3. 溶液的配制

（1）硫酸铁铵溶液的配制

称取一定量硫酸铁铵和高氯酸钠，溶解于 30mL 水中（水中加一滴浓硝酸，以防 Fe^{3+} 水解），转移到 50mL 容量瓶中，稀释到刻度，使硫酸铁铵的浓度为 $0.005mol \cdot L^{-1}$，硝酸钾的浓度为 $0.1mol \cdot L^{-1}$。

（2）硫酸铁铵-EDTA 溶液的配制

称取一定量硫酸铁铵、乙二胺四乙酸二钠盐（EDTA），分别溶解于少量水中，将其中一份加入另一份中混合，再加入一定量高氯酸钠，转移到 50mL 容量瓶中，稀释至刻度，使硫酸铁铵和 EDTA 的浓度分别为 $0.005mol \cdot L^{-1}$，高氯酸钠的浓度为 $0.1mol \cdot L^{-1}$。

（3）邻菲啰啉合铁（Ⅱ）配合物溶液的配制

称取一定量的邻菲啰啉合铁（Ⅱ）配合物，溶于少量水中，转移到 50mL 容量瓶中，稀释至刻度，使邻菲啰啉合铁（Ⅱ）配合物浓度为 $0.005mol \cdot L^{-1}$。

（4）邻菲啰啉合钴（Ⅱ）配合物溶液的配制

称取一定量的邻菲啰啉合钴（Ⅱ）配合物，溶于少量水中，转移到 50mL 容量瓶中，稀释至刻度，使邻菲啰啉合钴（Ⅱ）配合物浓度为 $0.005mol \cdot L^{-1}$。

4. 循环伏安图的测定

以铂片为工作电极，饱和甘汞电极为参比电极，铂丝为辅助电极，用 M283 恒电位恒电流仪测定上述四种溶液的循环伏安图。测定前溶液通氮气驱氧。

五、实验结果处理

1. 从测得的循环伏安图上求出 Fe(Ⅲ) 和 Co(Ⅱ) 在不同配体存在时的还原电位 E_{pML_p}。

2. 计算金属离子在配体 L 存在和无配体 L 时的还原电位的差值 ΔE。

3. 根据金属离子还原电位的差值 ΔE，比较当配体分别为 EDTA 和邻菲啰啉时，对 Fe(Ⅲ) 和 Fe(Ⅱ) 的稳定性的影响，以及邻菲啰啉为配体时，对 Co(Ⅲ)、Co(Ⅱ) 稳定性的影响，并比较邻菲啰啉对这两种金属离子不同价态稳定性的影响。

六、思考题

1. 根据金属离子的电子组态和配位键理论，说明邻菲啰啉与 Fe(Ⅲ) 还是 Fe(Ⅱ) 能形成更稳定的配合物。

2. 怎样利用循环伏安法来计算配合物的形成常数？

3. 循环伏安法测定前溶液为什么要驱氧？

实验 31　溶胶-凝胶法制备纳米 TiO₂及其光催化性能研究

一、实验目的

1. 溶胶-凝胶法合成纳米级半导体材料 TiO₂。
2. 复习及综合应用无机化学的水解反应理论、物理化学的胶体理论。
3. 研究纳米二氧化钛光催化降解甲基橙水溶液。
4. 通过实验，进一步加深对基础理论的理解和掌握，做到有目的合成，提高实验思维与实验技能。

二、实验原理

作为一种重要的半导体材料，二氧化钛以其无毒、催化活性高、氧化能力强和稳定性好等优异物化性能，在催化、环保、医药等众多领域具有广泛的应用前景。与普通粉体材料相比，TiO_2 纳米材料具有更高的比表面积和化学活性，从而具有更大的应用潜力。纳米 TiO_2 的制备方法分为物理法和化学法，与简单的物理法相比，化学法是制备纳米 TiO_2 的重要方法。在众多化学法中，溶胶-凝胶法具有化学均匀性好、纯度高、易操作和成本低等优点。因此，本实验采用溶胶-凝胶法制备纳米二氧化钛。

在溶胶-凝胶法中，采用钛酸丁酯〔$Ti(OC_4H_9)_4$〕为前驱物，无水乙醇（C_2H_5OH）为溶剂，冰醋酸（CH_3COOH）为螯合剂，先制备 TiO_2 溶胶，发生下列反应：

$$Ti(OC_4H_9)_4 + 4H_2O \longrightarrow Ti(OH)_4 + 4C_4H_9OH$$

$$Ti(OH)_4 + Ti(OC_4H_9)_4 \longrightarrow 2TiO_2 + 4C_4H_9OH$$

$$Ti(OH)_4 + Ti(OH)_4 \longrightarrow 2TiO_2 + 4H_2O$$

所得溶胶经一定时间陈化，100℃烘干，得黄色晶体，研磨后得淡黄色粉末。于 500℃下热处理 2h，得到锐钛矿型二氧化钛（纯白色）粉末。在制备过程中，试剂的用量对合成产物性能影响较大。CH_3COOH 作为螯合剂的加入对钛酸丁酯的水解缩聚反应过程影响非常大，反应中 CH_3COOH 既作为螯合剂，又作为酸催化剂，对于稳定溶胶均匀性及控制钛酸丁酯的水解速率有着重要的影响。水的加入量较大时，钛酸丁酯水解的量及水解的程度同时提高，缩聚物的交联度和聚合度都增大，有利于二氧化钛溶胶向凝胶转变，从而使凝胶时间变短，但加入量过大，会使滴入的钛酸丁酯迅速水解，不能形成溶胶，严重影响实验结果。当水的加入量较少时，由于钛酸丁酯水解不足，水解生成的少量溶胶粒子很快溶解分散于大量的溶剂中，相互进一步缩合的机会很少，或不足以形成三维的空间网络结构。作为溶剂，乙醇可以溶解钛酸丁酯，并通过空间位阻效应阻碍氢链的生成，从而使水解反应变慢。此外，还可以稀释水解及缩聚物浓度，降低单体碰撞的频率使缩聚反应变慢，故乙醇加入量越大，凝胶时间越长，因此，选择时机的最佳配比对合成理想产物至关重要。

作为光催化材料，TiO_2 的能带结构由一个充满电子的价带和一个空的导带构成，价带和导带之间的区域称为禁带，禁带的宽度称为带隙能。锐钛矿型二氧化钛（纯白色）粉体的带隙能为 3.2eV，相当于波长 387.5nm 的光能量。当大于或等于 387.5nm 的光照射到锐钛矿型二氧化钛上时，价带上的电子(e^-)被激发至导带，并在价带上留下相应的空穴（h^+），它们在电场的作用下分别迁移至表面。光生电子和空穴可以与吸附在 TiO_2 表面的溶解氧和 H_2O 等物质发生反应，最终生成高活性的羟基自由基（·OH），·OH 的氧化电极电位为 2.80V，仅次于氟（F_2），具有强氧化性，且无选择性，常温常压下短时间内可以将有机污染物完全降解至 CO_2、H_2O 和其他无机小分子，反应彻底，无二次污染。这就是光催化半导体技术处理有机废水的机理。

具体来讲，TiO_2 进行光催化反应机制可分成下列步骤：

① 反应物、氧气及水分子等物质吸附在 TiO_2 的表面；

② 经紫外线照射后，TiO_2 产生光生电子-空穴对；

③ 未复合的电子-空穴对移至 TiO_2 表面；

④ 电子和空穴分别与氧气及水分子反应生成·O_2^- 活性氧类和·OH 自由基；

⑤ 羟基自由基和活性氧类与反应物发生氧化反应；

⑥ 反应的产物自 TiO_2 的表面脱附。

本实验首先采用溶胶-凝胶法制备纳米 TiO_2 粉体，进而以所配制甲基橙溶液为模拟有机废水，考察合成纳米 TiO_2 粉体光催化降解甲基橙溶液的性能。

三、仪器与试剂

1. 仪器

分析天平，量筒，烧杯，磁子，胶头滴管，磁力搅拌器，真空干燥箱，研钵，瓷舟，管式炉，离心管，离心机，X 射线衍射仪（XRD），300W 紫外灯，紫外-可见分光光度计。

2. 试剂

钛酸丁酯（A.R.），无水乙醇（A.R.），冰醋酸（A.R.），甲基橙。

四、实验步骤

1. 纳米 TiO_2 粉体的制备

（1）将一洁净烧杯放入磁力搅拌器上，用量筒量取 10mL 蒸馏水于烧杯中，之后依次加入 10mL 无水乙醇和 5mL 冰醋酸，于搅拌中形成 A 混合液，搅拌时间约为 10min。

（2）取另一洁净烧杯放入另一磁力搅拌器上，用一干燥量筒量取 10mL 钛酸丁酯于烧杯中，在激烈搅拌下加入 40mL 无水乙醇，形成 B 混合液，搅拌时间约为 10min。

（3）在激烈搅拌下，将 B 液缓慢滴入 A 液中，得到淡黄色透明溶胶，观察丁达尔现象。继续搅拌，所得淡黄色透明溶胶逐渐水解为乳白色。静置数小时。

（4）将静置后的溶胶放入烘箱中烘干，得到淡黄色透明晶体。

（5）研磨所得晶体，得到白色粉末。

（6）将所得白色粉末于管式炉内 500℃ 温度下焙烧 2h，升温速率 5℃·min^{-1}，得最终样品。

（7）利用 XRD 测试所得样品。

2. 光催化性能测定——光催化降解甲基橙

（1）甲基橙溶液的配制

准确称取甲基橙粉末 0.8184g，用约 200mL 去离子水加热溶解，待其完全溶解后转移至 500mL 容量瓶中，稀释至刻度，摇匀，静置待用。用移液管移取 24.40mL 甲基橙溶液于 1000mL 容量瓶中，稀释至刻度，作为实验用液。

（2）吸收波长的确定

以蒸馏水为参比，用分光光度计在波长 200～700nm 范围内对甲基橙实验用液进行光谱扫描，得到扫描曲线，波峰位于 463.8nm，因此在波长 463.8nm 处测量其降解前后的吸光度最佳。

（3）催化剂光催化活性评价

称取所制备催化剂 50mg，放入一个 100mL 烧杯中，先加 50mL 去离子水超声 30min，以使催化剂均匀分散，之后加入 50mL 甲基橙溶液于暗室中继续搅拌 30min。将所得溶液取出约 10mL 于离心管中，记为编号 1，之后放入暗室用 300W 紫外灯照射进行光催化降解实验。每隔 10min 取约 10mL 于离心管中，依次编号记为 2，3，4，…。待光催化实验完成后，将所有离心管放入离心机内离心，然后用移液管取中层清液 5mL 溶液放入对应编号定量瓶中，用蒸馏水稀释至 10mL。摇匀后，用紫外-可见分光光度计在波长 463.8nm 处测其吸光度，并记录。

五、实验结果处理

1. 分析 XRD 测试结果，确定纳米 TiO_2 是否成功制备。
2. 以时间为横坐标，吸光度为纵坐标，作图绘制甲基橙浓度随时间变化的关系曲线。

六、思考题

1. 为什么所有的仪器必须干燥？
2. 加入冰醋酸的作用是什么？
3. 加入乙醇的作用是什么？
4. 制备纳米 TiO_2 的过程中，焙烧的作用是什么？
5. 纳米 TiO_2 光催化降解甲基橙的过程中影响因素有哪些？

实验 32　溶胶-凝胶法制备 γ-Al_2O_3及比表面的测定

一、实验目的

1. 学习溶胶-凝胶法制备 γ-Al_2O_3 的方法。
2. 掌握 BET 容量法测定比表面的基本原理和操作技术。
3. 学会用 BET 法测定 γ-Al_2O_3 的比表面积。

二、实验原理

氧化铝是工业上常用的化学试剂，由于制备条件不同，具有不同的结构和性质。到目前为止，氧化铝按其晶型可分为 8 种，即 α-Al_2O_3、β-Al_2O_3、γ-Al_2O_3、δ-Al_2O_3、η-Al_2O_3、χ-Al_2O_3、κ-Al_2O_3、ρ-Al_2O_3型，其中 γ-Al_2O_3由于具有表面积人和在大多数催化反应的温度范围内稳定性好等特性，得到了广泛应用。γ-Al_2O_3被用作载体时，除可以起到分散和稳定活性组分的作用外，还可提供酸、碱活性中心，与催化活性组分起到协同作用。

γ-Al_2O_3是一种分散度较高的多孔性固体材料，工业上也叫活性氧化铝、铝胶。因其具有吸附性能好、比表面积较大、表面酸性和热稳定性良好的优点，广泛应用于炼油、橡胶、化肥、石油化工等工业中的吸附剂、干燥剂、催化剂和催化剂的载体，如在乙醇脱水制乙烯、三聚氰胺的制备中均使用 γ-Al_2O_3作为催化剂，而在加氢精制、重整等石油炼制和石油化工工业中则作为催化剂载体。

γ-Al_2O_3的制备方法大致可分为两类：一类是传统的薄水铝石脱水法，另一类是对这一传统工艺路线进行改进而建立的方法。另外，随着科学技术的不断发展，其他新方法如溶胶-凝胶法等新的制备方法也不断出现。薄水铝石脱水法是以不同的原料出发，采用不同的工艺制备出薄水铝石，然后由薄水铝石在高温条件下脱水制得 γ-Al_2O_3。

氧化铝是氢氧化铝的加热脱水产物。氢氧化铝也称水合氧化铝，化学组成为 $Al_2O_3 \cdot nH_2O$，通常按所含结晶水的数目分为三水合氧化铝和一水合氧化铝两大类。三水合氧化铝又有三水铝石、诺水铝石和湃铝石三种变体；一水氧化铝也有硬水铝石和薄水铝石两种，此外还有假一水软铝石和无定形凝胶。各种氢氧化铝受热分解就形成一系列微观结构和含水量不同的氧化铝。

用氢氧化铝制备氧化铝时，产物的微观结构和含水量受反应物形态、pH 值、反应温度、反应时间以及加热脱水温度等多种因素影响。γ-Al_2O_3通常由薄水铝石加热脱水制得，薄水铝石的制备方法较多，一般有酸沉淀法、碱沉淀法、铝凝胶法和醇铝水解法等。本实验通过酸化中和法制备氢氧化铝凝胶的方法制得薄水铝石，即先用硝酸中和铝酸溶液，制得薄水铝石，再加热脱水得到 γ-Al_2O_3。反应方程式如下：

$$Al(OH)_3 + NaOH =\!=\!= NaAlO_2 + 2H_2O$$
$$NaAlO_2 + HNO_3 + H_2O =\!=\!= Al(OH)_3 + NaNO_3$$
$$2Al(OH)_3 =\!=\!= Al_2O_3 + 3H_2O$$

制备 γ-Al_2O_3 的相关工艺过程大致如下:

$$NaOH + Al(OH)_3 \xrightarrow{H_2O,HNO_3} 中和 \rightarrow 过滤 \rightarrow 浆化洗涤 \rightarrow 胶溶 \rightarrow 成型 \rightarrow 活化 \rightarrow 成品$$

酸化中和法制备氢氧化铝凝胶,控制不同的反应条件,可以生成薄水铝石,也可生成胶体氢氧化铝和湃铝石。为使反应向有利于薄水铝石生成的方向进行,必须严格控制影响薄水铝石生成的因素,主要有酸化中和法的 pH 值、温度和时间。

反应的 pH 值是影响生成氢氧化铝晶形的主要因素,pH 值太大,无法生成氢氧化铝胶体,体系中稳定存在的是铝酸根离子;pH<9 易生成胶体,但 pH>8.0,尤其是大于 8.5 时,易生成湃铝石;而 pH 值太低时,铝离子为稳定存在的状态,也无法生成胶体。所以在凝胶制备过程中需控制其 pH 值在 7.2~8.0。

另外,反应温度太低,生成胶体的速率太慢,结晶状态亦很差;高温有利于胶体生成,而且产品的孔径也相对较大,但反应的温度也不宜太高,否则容易使氢氧化铝由一水向三水转化,故选择在 45~50℃ 下反应 30min,时间太长,将影响成型产品和强度。此外为使凝胶易过滤,浆化洗涤时可加入适量稀氨水调节溶液的 pH 值。

薄水铝石加热脱水时,随加热温度的不同,生成的氧化铝中氧原子和铝原子空间堆叠方式和含水量也不同,其加热温度和具体生成氧化铝的形态关系如下:

$$薄水铝石(Al_2O_3 \cdot H_2O) \xrightarrow{450℃} \gamma\text{-}Al_2O_3 \xrightarrow{600℃} \delta\text{-}Al_2O_3 \xrightarrow{1050℃} \theta\text{-}Al_2O_3 \xrightarrow{1200℃} \alpha\text{-}Al_2O_3$$

由上面关系式可见,加热薄水铝石的直接产物是 γ-Al_2O_3,它存在的范围是 450~600℃。薄水铝石的脱水顺序受结晶度的影响,当结晶度较差时,会使 δ-Al_2O_3 推迟生成或者不生成,从而扩大 γ-Al_2O_3 的存在温度范围。

作为一种催化剂和催化剂载体材料,制备的 γ-Al_2O_3 必须经过表征,以便对其性能进行评价,其中比表面积的测定是必不可少的表征手段。本实验采用 BET 容量法对制备好的 γ-Al_2O_3 进行比表面积测定。

BET 容量法是依据 Brunauer、Emmett、Teller 建立的 BET 多分子层吸附理论。利用 BET 方程:

$$\frac{p}{V(p_s-p)} = \frac{1}{V_mC} + \frac{C-1}{V_mC} \times \frac{p}{p_s} \tag{32-1}$$

式中　p——平衡压力,Pa;

　　　p_s——吸附平衡温度下吸附质的饱和蒸气压,Pa;

　　　V——平衡时的吸附量(以标准状况 mL 计);

　　　V_m——单分子层饱和吸附所需的气体量(以标准状况 mL 计);

　　　C——与温度、吸附热和液化热有关的常数。

通过实验测得一系列的 p 和 V 后以 $\dfrac{p}{V(p_s-p)}$ 对 $\dfrac{p}{p_s}$ 作图,可得一直线,其斜率是 $\dfrac{C-1}{V_mC}$,截距为 $\dfrac{1}{V_mC}$,由斜率和截距数据可以算出 V_m。

若知道一个吸附质分子的截面积,则可根据下式算出吸附剂的比表面积:

$$A = \frac{V_m L \sigma_A}{22414W} \tag{32-2}$$

式中　L——阿伏伽德罗常数,$6.02 \times 10^{23} mol^{-1}$;

σ_A——一个吸附质分子的截面积，m^2；

W——吸附剂质量，g；

V_m——单分子层饱和吸附所需的气体量（以标准状况 mL 计）；

22414——标准状况下 1mol 气体的体积，mL。

根据 Brunauer 和 Emmett 的建议，可按以下公式计算 σ_A：

$$\sigma_A = 4 \times 0.866 \left(\frac{M}{4\sqrt{2}L\rho}\right)^{\frac{2}{3}} \tag{32-3}$$

式中 M——吸附质的摩尔质量，$g \cdot mol^{-1}$；

ρ——实验温度下吸附质的液体密度，$g \cdot mol^{-3}$。

本实验以 N_2 为吸附质，在 78K 时其截面积 σ_A 取 $16.2 \times 10^{-20} m^2$。将此数据代入式 (32-2)，可得：

$$A = 4.36 \times \frac{V_m}{W} \tag{32-4}$$

BET 公式的适用范围是相对压力 p/p_s 在 $0.05 \sim 0.35$ 之间，因而实验时气体的引入量应控制在该范围内。由于 BET 方法在计算时需假定吸附质分子的截面积，因此严格地说，该方法只能是相对方法。本实验达到的精度一般可在 $\pm5\%$ 之内。

BET 容量法适用的测量范围为 $1 \sim 1500 m^2 \cdot g^{-1}$，最好选择比表面积为 $100 \sim 1000 m^2 \cdot g^{-1}$ 的固体样品。在测定之前，需将吸附剂表面上原已吸附的气体或蒸气分子除去，否则会影响比表面积的测定结果。这个脱附过程，在催化实验中又称为活化。活化的温度和时间，因吸附剂的性质而定，本实验选用 $\gamma\text{-}Al_2O_3$ 为吸附剂，活化温度为 $300\,℃$，活化时间约 3h，系统压力为 $\leqslant 10^{-2} Pa$。

三、仪器与试剂

1. 仪器

Micromeritics ASAP2000 型全自动物理吸附仪，高纯氮，液氮，氦气，电炉抽滤装置，控温仪，电动搅拌器，精密 pH 试纸，烧杯，量筒，马弗炉，坩埚，有柄瓷蒸发皿。

2. 试剂

氢氧化钠（A.R.），氢氧化铝（A.R.），浓硝酸（A.R.），氨水（A.R.），甘油（A.R.），白油，精密 pH 试纸（$7.5 \sim 8.0$）。

四、实验步骤

1. 凝胶的制备

（1）偏铝酸钠的制备

称取约 2.5g NaOH 于 100mL 烧杯中，加入 15mL 蒸馏水后，开启搅拌器并加热至沸腾，然后缓缓加入 3g $Al(OH)_3$，沸腾状态下反应 1h，使 $Al(OH)_3$ 溶解反应完全。冷却后，用布氏漏斗抽滤，滤去未反应的 $Al(OH)_3$，滤液即为制得的偏铝酸钠溶液。在反应过程中，应随时补充去离子水，保持溶液体积在 $15 \sim 20mL$（为什么？），反应温度维持在 $100\,℃$ 左右。

（2）酸化中和制备凝胶

在一干净的 100mL 烧杯中加入 5mL 去离子水，边搅拌边加热至 50℃ 左右，然后在搅拌下将上面制得的 $NaAlO_2$ 溶液和 7mL $6.0 mol \cdot L^{-1}$ HNO_3 倒入烧杯中，混合均匀后，立即用精密 pH 试纸测定反应液的 pH 值，并调节其 pH 值保持在 7.5～8.0（为什么?），反应温度控制在 45～50℃，加热搅拌 0.5h。

2. 浆化洗涤和胶溶

（1）将以上制备的氢氧化铝凝胶及时用布氏漏斗抽滤，弃去母液，然后将氢氧化铝凝胶转移到 100mL 烧杯中。

（2）取另一只 100mL 烧杯加入 20mL 去离子水，用稀氨水调节 pH 值至 7.2～8.0，加热到 40℃后，倒入氢氧化铝凝胶烧杯中，加热搅拌 5min，维持温度在 35～45℃，使杂质 Na^+、NO_3^- 充分溶解，而后用布氏漏斗趁热抽滤，重复浆化洗涤 2～3 次。

（3）在盛有浆化洗涤后得到的氢氧化铝凝胶的烧杯中加入 0.5～1.5mL 6.3mol·L^{-1} 的 HNO_3，强烈搅拌 45min，至很细的流动性较好的浆液（胶溶液）。在胶溶时，HNO_3 的用量主要视浆液的流动性而定，若过滤得到的氢氧化铝凝胶比较干，则可多加一些 HNO_3。这里 HNO_3 用量不足或过量均会影响成球的好坏和产品的强度。

3. 成型和焙烧

（1）成型

取一支 100mL 量筒，加入 30mL 5.6mol·L^{-1} 的氨水和 1mL 甘油，混匀，再缓慢添加 15mL 白油，做成一支简单的油成型柱，用一干净滴管向油成型柱中不断滴加上面制得的胶溶液（成圆球状沉入量筒底部），滴加完毕，倾去量筒里的上层液体（白油可回收利用），将量筒底部的球状氢氧化铝用布氏漏斗滤去其余液体，然后将氢氧化铝小球移入有柄瓷蒸发皿中备用。

（2）焙烧

放置一天后，将蒸发皿放入高温马弗炉中，逐渐升温至 520℃±10℃（为什么?），在该温度下保温煅烧 1.5h，即可得到最终产品 γ-Al_2O_3。

4. γ-Al_2O_3 的比表面积测定

用 Micromeritics ASAP2000 型物理吸附仪对制备的产品 γ-Al_2O_3 进行 N_2 吸附实验，样品测定前于 200℃烘 2h，300℃脱气 3h（1.33Pa，为什么?）。操作如下。

（1）样品的称量

称取 0.2～0.3g 干燥好的 γ-Al_2O_3（粗称）。

（2）样品的活化

将装有 γ-Al_2O_3 的样品管接到仪器的活化口，打开仪器的 Slow 抽空键，待真空指示读数低于 600，再将 Slow 抽空键切换成 Fast 抽空键，并加上加热袋，打开加热键（温度设为 300℃）保持 3h。

（3）测量文件的设定

打开计算机上 ASAP 的应用程序点击主菜单上 File 键，选择 Open，Sample information（或直接点击 F2 键），出现一个对话框。设置新文件时，两次敲击 Enter 键，然后输入样品的名称、质量，选择分析的方法与条件，选择测量的报告，点击 Save 键保存，点击 Close 键退出。点击主菜单上 Analyze 键，选择新设置的文件，点击 OK 键开始分析。

（4）样品质量的校正

待测试结束后，取下样品管并在电子天平上准确称其质量，计算出样品的最终质量，进入 Sample information 进行质量校正。

（5）测试报告

点击主菜单上 Reports 键，选择 Start reports（或直接点击 F8 键）。选择所测试文件的名称，点击 OK 键后出现测试报告，点击 Print 键即可打印结果。

五、实验指导

1. 在胶溶时，HNO_3 的用量主要视浆液的流动性而定，若过滤得到的氢氧化铝凝胶化较干，则可多加一些 HNO_3。这里 HNO_3 用量不足或过量均会影响成球的好坏和产品的强度。

2. γ-Al_2O_3 是一种多孔形物质，薄水铝石脱水活化中，随活化温度提高到 400℃时开始分解，生成微孔，比表面随之增大，到 500℃时达到最大值，超过 500℃微孔逐渐消失，比表面也大为减少，因此活化温度绝对不能超过 500℃。

3. 固体比表面的测定通常是利用物理吸附现象，通过测定吸附等温线，然后依据 BET 吸附公式求出理论单分子层吸附量，进而利用吸附质分子截面积的大小，求算比表面积。实验室中，吸附等温线的测定有静态法和动态法，其中常用的静态法有气相容量吸附法、气相重量吸附法和溶液吸附法三种，动态法有流动法和色谱法两种。本实验所用的是静态法中的气相容量吸附法，即 BET 容量法，该法要求相对压力为 0.05~0.35，其测量范围为 1~1500$m^2 \cdot g^{-1}$（本实验制备的产品表面积在 200~300$m^2 \cdot g^{-1}$）。

4. 在进行 BET 容量法之前，需在减压条件下加热到一定温度进行脱附实验，要将吸附剂表面上原吸附的气体或蒸气分子除去，否则会影响比表面积的测定结果。这个脱附过程，在催化实验中又称为活化。对于不同的吸附剂，其活化温度和时间一般也不同。本实验选择在 300℃下脱附 3h（1.33kPa）。

5. 比表面积测定时应按照仪器说明或实验教师指导进行操作，以免损坏仪器。

六、实验拓展

1. 近几年来，随着材料制备技术的发展，溶胶-凝胶法以其自身优点受到人们的广泛关注和重视，这些优点主要有：①实验条件温和，通常在室温合成无机材料，特别是可低温合成传统方法难以获得的氧化物；②由于溶胶多组分溶液是原子分子级水平的混合，因此所制备的产品有均匀的成分；③产品的纯度高，比表面积和活性大。在实际生产中，氧化铝溶胶凝胶应用非常广泛，是无机材料领域研究的重点。

2. γ-Al_2O_3 常用作催化剂或催化剂载体。载体其实就是一种承载催化剂的物质，它的主要功能是保证催化剂的应用方式与提高催化剂的使用效率，另外也起到在恶劣工作环境下继续保持强度、耐热、耐腐蚀等性能的作用。催化剂载体的种类繁多，主要包括氧化铝、活性炭、二氧化硅、分子筛、二氧化钛、碳化硅等。各种催化剂载体材料各有特点，而其中又尤以氧化铝系催化剂载体用途最为广泛。

3. 氧化铝是氢氧化铝的脱水产物。各种氢氧化铝经热分解形成一系列同质异形体（主要是氧原子和铝原子空间堆叠方式和含水量不同），这些同质异形体，有些呈分散相，有的呈过渡态，但当加热温度超过 1000℃以上时，它们又都变成同一稳定的最终产物——真正的无水氧化铝，称作 α-Al_2O_3，所以它们又可看作是 α-Al_2O_3 的中间过渡形态，按照它们的生成温度可分为低温氧化铝和高温氧化铝两大类。低温氧化铝是前述各种氢氧化铝在不超过 600℃下的脱水产物，其化学组成为 $Al_2O_3 \cdot nH_2O$（式中 $0 < n < 0.6$），属于这一类的有 ρ-、

χ-、γ 及 η-Al₂O₃ 四种。高温氧化铝几乎是无水的氧化铝，是在 900~1000℃ 的温度下生成的，属于这一类的有 κ-Al₂O₃、δ-Al₂O₃、θ-Al₂O₃。

4. γ-Al₂O₃ 质量的差热分析鉴定。制备氢氧化铝凝胶时，由于操作条件不同，也会生成湃铝石，而湃铝石加热脱水基本上只能获得 η-Al₂O₃。其脱水顺序如下：

$$\text{湃铝石} \xrightarrow{230℃} \eta\text{-Al}_2\text{O}_3 \xrightarrow{850℃} \theta\text{-Al}_2\text{O}_3 \xrightarrow{1200℃} \alpha\text{-Al}_2\text{O}_3$$

因此由差热法分析图谱可以定性判断产物中湃铝石的生成量，从而判断产品的质量好坏，本实验也可采用此法对制备的产品进行鉴定。

5. γ-Al₂O₃ 作为催化剂载体时，其孔径分布对催化效果有较大影响，因此近年来用新的合成方法制备孔径分布集中的中孔催化材料成为新的研究热点。控制 γ-Al₂O₃ 载体孔结构的方法主要有以下几种。

（1）自组装法

近几年来，越来越多的研究者都开始注意到超分子化学中的分子自组装概念，即指分子在氢键、静电、疏水亲脂作用、范德华力等弱力的推动下，自发地构筑具有特殊结构和形状集合体的过程。利用有机物和无机物的自组装反应，可以形成孔道排列有序、孔径均一、可调、形貌易于剪裁的多孔结构的催化材料。

（2）水热处理法

近年来，人们开始用水热处理技术对氧化铝载体进行化学修饰。适当条件下对 γ-Al₂O₃ 进行水热处理后，可使其表面羟基浓度提高，表面酸性增强，有利于增大反应活性中心数目，提高催化活性。不过水热处理法的不足之处在于它对设备要求高，生成条件苛刻。

（3）扩孔剂法

相比于水热处理法，扩孔剂法属物理扩孔法。即在沉淀时或其他成型过程中添加易于高温分解的物质来增大孔径。利用扩孔剂煅烧时分解逸出（扩孔剂是有机物）使孔隙贯通，达到控制孔径大小和分布的目的。

（4）低温烧结法

低温烧结法指添加适当的烧结剂使氧化铝在较低的温度下发生烧结，从而有利于载体孔径的增加和防止比表面积的减少。

七、思考题

1. γ-Al₂O₃ 有哪些主要用途？这些用途分别利用了 γ-Al₂O₃ 哪些方面的性质？

2. BET 多分子层吸附理论基本假设是什么？指出利用 BET 容量法测定固体的比表面积的实验条件和适用范围。

3. 查阅相关资料，指出 γ-Al₂O₃ 的晶体结构。

实验 33 聚合硫酸铁净水剂的制备及性能测定

一、实验目的

1. 了解聚合硫酸铁的性质与用途。
2. 学习如何制备聚合硫酸铁。
3. 了解聚合硫酸铁主要性能指标的测定。

二、实验原理

絮凝净水剂也称混凝剂，是一种能使水溶液中的溶质、胶体或悬浮物颗粒脱稳而产生絮状物或絮状沉淀物的药剂，可分为无机絮凝剂、有机絮凝剂和微生物絮凝剂三大类。其中，无机絮凝剂包括无机低分子絮凝剂和高分子絮凝剂；有机絮凝剂包括人工合成有机高分子絮凝剂和天然有机高分子絮凝剂。絮凝剂在水处理及工业生产过程的固液分离中起着重要的作用，随着国家对环境污染治理力度的加大，絮凝剂将具有更大的发展前景。

低分子絮凝剂用干法或湿法投到水处理设施中后进行水解聚合，其聚集速度慢、絮体小、腐蚀性强、净水效果不理想，因此逐渐被高分子絮凝剂所取代。与其他传统絮凝剂相比，无机高分子絮凝剂具有絮凝效果好，残留在水中的铝、铁离子少，易生产，价格低廉，适用范围广等特点，现在已经成功地应用在给水、工业水以及城市污水的处理中，并逐渐成为主流絮凝剂。无机高分子絮凝剂，又称为第二代絮凝剂，可分为聚合铝、聚合铁、聚合硅酸以及复合型无机高分子絮凝剂四大类。

聚合硫酸铁（PFS）也称碱式硫酸铁或羟基硫酸铁，可表示为 $[Fe_2(OH)_n(SO_4)_{3-n/2}]_m$ （$n<2$，$m>10$），是一种无机高分子絮凝剂。聚合铁中存在 $[Fe_2(OH)_3]^{3+}$、 $[Fe_3(OH)_6]^{3+}$、$[Fe_8(OH)_{20}]^{4+}$ 等高价和多价络离子，具有快速混溶、中和悬浮颗粒上电荷、水解架桥、混凝沉淀和很强的吸附作用，从而使水迅速澄清，尤其是对工业废水和生活污水处理效果特别好，而且适应性广泛，药剂消耗量少，排污量少，水处理成本比目前市场上主流的聚合硫酸铝低 30%～40%。另外，生产聚合硫酸铁的原料易得，价格低廉，可利用工业废弃物为原料制备，变废为宝，是一种值得推广的理想水处理剂。

聚合硫酸铁的生产方法多种多样，按氧化方式的不同可分为两大类：直接氧化法和催化氧化法。直接氧化法，采用强氧化剂如氯酸盐、次氯酸盐、过氧化氢和高锰酸钾等将亚铁离子氧化为铁离子，然后经水解和聚合得到聚合硫酸铁；催化氧化法，是在催化剂的作用下，利用纯氧或空气将亚铁离子氧化为铁离子，同样经水解和聚合得到聚合硫酸铁。直接氧化法工艺简单，操作方便，适合于实验室需要少量聚合硫酸铁时使用；工业生产多采用催化氧化法。

本实验以废铁屑为原料制得硫酸亚铁，再选择双氧水为氧化剂直接氧化法制备聚合硫酸铁。此法设备简单、操作方便，常温常压下即可进行，且产品无杂质，稳定性好，无污染，适合实验室操作。

将废铁屑表面油污先去除，加入稀硫酸反应，即可生成硫酸亚铁，过滤，浓缩结晶即可得七水合硫酸亚铁晶体。方程式如下：

$$Fe + H_2SO_4 =\!=\!= FeSO_4 + H_2\uparrow$$

七水合硫酸亚铁在酸性条件下，被双氧水氧化成硫酸铁，经水解、聚合反应得到红棕色聚合硫酸铁。反应方程式如下：

$$2FeSO_4 + H_2O_2 + H_2SO_4 =\!=\!= Fe_2(SO_4)_3 + 2H_2O$$

$$Fe_2(SO_4)_3 + nH_2O =\!=\!= Fe_2(OH)_n(SO_4)_{3-n/2} + \frac{n}{2}H_2SO_4$$

$$m[Fe_2(OH)_n(SO_4)_{3-n/2}] =\!=\!= [Fe_2(OH)_n(SO_4)_{3-n/2}]_m$$

氧化、水解、聚合 3 个反应同时存在于一个体系当中，相互影响，相互促进。其中氧化反应是 3 个反应中比较慢的一步，控制着整个过程。

反应中 1mol 硫酸亚铁需要 0.5mol 硫酸，如果硫酸用量小于 0.5mol，则氧化时氢氧根取代硫酸根生成碱式盐，它易聚合生成硫酸铁。因此，反应中总硫酸根的物质的量和总铁的物质的量之比 $[n(SO_4^{2-})/n(Fe^{3+})]$ 要小于 1.5。

三、仪器与试剂

1. 仪器

三口烧瓶，分液漏斗，恒温水浴，精密电动搅拌器，分光光度计，酸度计，酸碱滴定管，密度计，黏度计，容量瓶，量筒，表面皿，布氏漏斗，吸滤瓶，浊度仪，分析天平。

2. 试剂

铁屑，H_2O_2（30%），H_2SO_4（浓、6mol·L^{-1}，3mol·L^{-1}），NaOH（0.1mol·L^{-1}），HCl（3mol·L^{-1}），KHP，磺基水杨酸（25g·L^{-1}），氨水（1:1），酚酞。

氟化钾（500g·L^{-1}）：称取 500g 氟化钾，以 200mL 不含二氧化碳的蒸馏水溶解后，稀释到 1000mL，加入 2mL 酚酞指示剂并用氢氧化钠溶液或盐酸溶液调节溶液呈微红色，滤去不溶物后贮存于塑料瓶中。

铁标准溶液（100μg·mL^{-1}）：准确称取 0.2160g $NH_4Fe(SO_4)_2·12H_2O$，用适量的蒸馏水溶解，加 3 滴 6mol·L^{-1} 盐酸，定容至 250mL（分子量 482.18）。

四、实验步骤

1. 聚合硫酸铁的制备

将 10g 的铁屑先去除表面油污，放入烧杯中，加入 3moL·L^{-1} H_2SO_4 75mL，盖上表面皿，用小火加热，使铁屑和 H_2SO_4 反应直至不再有气泡冒出为止，加热过程中要不时补充少量的水。趁热抽滤，并将滤液立即转移至蒸发皿中，在溶液中放入一枚洁净的小铁钉（为什么?），小火加热蒸发浓缩，溶液的温度保持在 70℃（为什么?），当溶液内开始有晶体析出时，停止蒸发，冷却至室温，抽滤、洗涤即得浅蓝绿色晶体。

称取 30g $FeSO_4·7H_2O$ 加到三口烧瓶中，加入 30mL 蒸馏水溶解，在不断搅拌下，分别滴加浓硫酸 1.7mL 和 8mL 30% 双氧水，双氧水的加入要控制好，将分液漏斗插入液面以下将 H_2O_2 慢慢滴入，控制 H_2O_2 加入量约为每分钟 1.0mL（为什么?），中速搅拌 15min 后过滤，70℃ 水浴中熟化 4h，冷却，即可得到较高盐基度的红棕色聚合硫酸铁溶液。

2. 主要性能指标的测定

（1）密度测定

将制得的聚合硫酸铁注入干净、干燥的量筒中，不得有气泡（为什么？），然后将其置于20℃恒温水浴中，待温度恒定后，将测量范围为1.400～1.500的密度计插入试样中，稳定后读数即为20℃时试样的密度。

（2）pH测定

开启酸度计电源，预热20min后，用pH值为4.00或6.86的标准缓冲溶液校对，然后将配制好的1%试样溶液倒入50mL塑料烧杯中进行pH值测定。

（3）黏度测定

根据$K=\eta/(dt)$，先计算常数K（20℃蒸馏水），式中η为20℃蒸馏水的绝对黏度（$1.005\times10^{-3}\mathrm{Pa\cdot s}$），$d$为20℃时蒸馏水的密度（$0.9982\mathrm{g\cdot mL^{-1}}$），$t$为蒸馏水流过黏度计2个刻度的时间，再根据$\eta=Kdt$，求出样品聚合硫酸铁的黏度。

（4）全铁含量的测定

标准曲线的绘制：准确吸取0mL、2mL、4mL、6mL、8mL、10mL $100\mu\mathrm{g\cdot mL^{-1}}$铁标准溶液，分别于50mL容量瓶中，用$25\mathrm{g\cdot L^{-1}}$磺基水杨酸溶液稀释至20mL左右，加过氧化氢2滴，用1:1的氨水和$6\mathrm{mol\cdot L^{-1}}$的硫酸溶液调至由黄色变为紫红色（为什么？），再用磺基水杨酸溶液稀释至刻度，摇匀，5min后，在分光光度计上，选择530nm波长，以试剂空白作参比测量吸光度，绘制铁标准曲线。

聚合硫酸铁中铁含量的分析：准确吸取1mL自制聚合硫酸铁（准确称量），用水稀释并转移至100mL容量瓶中定容，然后从中吸取0.2～0.5mL稀释液（视含量而定）于50mL容量瓶中，加过氧化氢2滴，用$25\mathrm{g\cdot L^{-1}}$磺基水杨酸溶液稀释至约20mL，用1:1的氨水和$6\mathrm{mol\cdot L^{-1}}$的硫酸溶液调至由黄色变为紫红色，再用磺基水杨酸溶液稀释至刻度，摇匀，5min后，在分光光度计上，选择530nm波长，测量吸光度。从标准曲线计算聚合硫酸铁中铁的含量。

（5）盐基度测定

聚合硫酸铁的盐基度体现的是聚合硫酸铁分子中OH^-与Fe^{3+}的物质的量比，盐基度的高低直接决定了聚合硫酸本身的质量与其废水混凝效果的好坏，尤其对于高浊度与高色度的废水，盐基度的高低直接决定了其对污染物的絮凝效果与色度的去除率。也很大程度上影响到聚合硫酸铁在废水中的投加量。聚合硫酸铁的国家标准的盐基度为9%～14%，而如今市场上一般具有竞争力的聚铁盐基度都可以达到15%或16%。通常来讲聚合硫酸铁中的盐基度越高，它在废水中水解后对原水的pH值影响就越小，形成配合物的速度就越快，污泥沉淀速度也越快。但聚合硫酸铁盐基度如果太高，则会影响它的稳定性。

盐基度测定的核心是掩蔽铁，实验采用氟化钾作掩蔽剂，用氢氧化钠标准溶液滴定。

准确称取1.5g聚合硫酸铁试样于100mL容量瓶中，准确加入2mL $3\mathrm{mol\cdot L^{-1}}$HCl，放置5min，趁热加入20mL煮沸后的蒸馏水，盖上瓶塞，室温放置5min，冷却，加入10mL $500\mathrm{g\cdot L^{-1}}$KF，摇匀定容，放置30min后，中速滤纸过滤于洁净的250mL锥形瓶中，用1.5% KF洗2～3次（记录消耗体积），一并转入250mL锥形瓶中，混匀，再均分两份于250mL锥形瓶中，加入5滴酚酞，用$0.1\mathrm{mol\cdot L^{-1}}$NaOH滴定至淡红色。煮沸后冷却的蒸馏水作空白试验。

盐基度的计算公式为：

$$\text{盐基度} = \frac{n_{OH^-}}{n_{Fe^{3+}}} \times 100\% = \frac{(V_0 - V) c_{NaOH} \times 10^{-3} \times 18.62}{m_{NaOH} \times w_{Fe} \times 10^{-2}} \times 100\%$$

式中　V_0——空白试验消耗氢氧化钠标准溶液的体积，mL；

V——试样测定消耗氢氧化钠标准溶液的体积，mL；

c——氢氧化钠标准溶液的浓度，$mol \cdot L^{-1}$；

m_{NaOH}——聚合硫酸铁试样的质量，g；

18.62——1/3Fe 的摩尔质量，$g \cdot mol^{-1}$；

w_{Fe}——试样中三价铁的质量分数。

（6）絮凝效果实验

在 1000mL 烧杯中加入泥土 1g，再加水至 1000mL，搅拌均匀，使浊度保持一致，用浊度仪测定浊度。取自制的聚合硫酸铁溶液 1mL 于 200mL 烧杯中，加入 100mL 蒸馏水，制得稀释溶液。取 200mL 配制好的污水，加入稀释后的聚合硫酸铁 6mL，先剧烈搅拌 3min，再慢速搅拌 10min，静置 30min，在离液面 2～3cm 处吸取上层清液，测定其浊度（饮用水的浊度要求在 5 度以下）。

五、注意事项

1. $FeSO_4 \cdot 7H_2O$ 制备过程中，铁屑与稀硫酸反应时，需要加热促使反应进行，同时要不断补充蒸发掉的水分，防止结晶。所以加热温度不宜太高，可控制在 80℃左右。另外蒸发浓缩析出 $FeSO_4 \cdot 7H_2O$ 时温度也不宜过高，否则会失去部分结晶水。

2. 酸在聚合硫酸铁的合成过程中有两个作用：①作为反应的原料参与了聚合反应；②决定体系的酸度，其用量直接影响产品性能。硫酸用量适当增加对提高合成反应是有利的。

硫酸的用量是决定产品质量的关键。但硫酸用量太大，亚铁离子氧化不完全，样品颜色由红褐色变为黄绿色，且大部分铁离子没有参与聚合，导致盐基度很低，合成失败；硫酸量不足，溶液中 OH^- 浓度大，容易生成 $Fe(OH)_3$ 凝胶沉淀，使产品中含铁量大大降低。一般来说，当硫酸与硫酸亚铁物质的量之比在（0.35～0.45）：1 时，产品性能较好，滴加硫酸时应尽量缓慢。

3. 双氧水的量及加入速度要控制好，这也是影响产品质量的重要因素，保持一定滴加速度，可节约用量，由于双氧水易分解，所以要加到液面下，且要不断搅拌。

4. 比色法只适用于有色物质含量的测量，而铁元素的稀溶液几乎是无色的，所以要选择合适的显色剂。硫氰酸盐可以作为显色剂，它和三价铁离子形成血红色的配合物。但硫氰酸盐的用量很大，而且三价铁离子能慢慢被硫氰酸根还原成二价铁而使测量不准；邻菲啰啉可以和二价铁形成稳定的橘红色配合物，但是二价铁很容易被空气中的氧气氧化成三价铁，需要加入过量的还原剂来防止这一变化发生，避免使实验复杂化，造成不必要的污染。实验采取的磺基水杨酸作显色剂，避免了上述缺点。

六、实验结果处理

实验结果填入表 33-1 和表 33-2 中。

表 33-1　聚合硫酸铁的性质

项目	聚合硫酸铁的性质及性能	
密度		
pH 值		
黏度（20℃）	蒸馏水	样品
浊度	泥土	加完样品

表 33-2　聚合硫酸铁中铁含量

分析编号	1	2	3	4	5	6
标准加入体积/mL						
溶液的浓度/$mg \cdot L^{-1}$						
吸收值						
回归方程						
样品中铁的含量/$mg \cdot L^{-1}$						

七、实验拓展

1. 我国聚合硫酸铁主要性能指标

表 33-3　聚合硫酸铁的性质

项目	聚合硫酸铁国家标准	
	一级品	一级品
外观	红棕色液体	红棕色液体
密度（20℃）/ $g \cdot L^{-1}$	≥1.45	≥1.45
Fe^{3+}/%	≥11.0	≥11.0
Fe^{2+}/%	≤0.10	≤0.20
盐基度/%	≥12.0	≥8.0
pH 值（1%水溶液）	2.0～3.0	2.0～3.0

2. 混凝机理

主要包括以下几个方面。

（1）压缩双电层　在分散系中加入盐类电解质，将扩散层中的反离子浓度增大，同时一部分反离子会被挤入 Stern 层，双电层的电位因此会迅速下降，从而扩散层厚度压缩。由于扩散层厚度的减小，静电排斥作用的范围随之减小，微粒在碰撞时可以更加接近，胶体将失去稳定性而发生絮凝。

（2）吸附-电性中和　这种现象在水处理中出现较多。指胶核表面直接吸附带异号电荷的聚合离子、高分子物质、胶粒等，来降低双电层的电位，从而导致絮凝的发生。

（3）吸附架桥　吸附架桥作用是指高分子物质和胶粒以及胶粒与胶粒之间的架桥。当高分子物质的一端与胶粒接触而相互吸附后，其余部分则伸展在溶液中，可以与一个表面有空位的胶粒黏附，形成"胶粒-高分子-胶粒"的絮凝体，这样聚合物就起到架桥连接的作用。

（4）网捕或卷扫　用金属盐或金属氧化物和氢氧化物作絮凝剂时，当加入量足够大时，金属氢氧化物 ［如 $Al(OH)_3$ 或 $Fe(OH)_3$ 或金属碳酸盐（如 $CaCO_3$）］能迅速沉淀，水中的胶粒可被这些沉淀物在形成时网捕、卷扫发生絮凝。

以上四种混凝机理在水处理中不是孤立的现象，往往是同时伴随着其中的几种，只是在某种特定情况下以其中一种机理为主而已。

八、思考题

1. 聚合硫酸铁絮凝剂与其他铁盐小分子絮凝剂相比，有哪些优点？

2. 制备聚合硫酸铁过程中除了用双氧水做氧化剂，还可以选择什么试剂？

3. 实验中为什么要控制硫酸和双氧水的加入量？

实验 34　金属有机化合物的合成及性能研究

一、实验目的

1. 掌握金属有机化合物合成的原理。
2. 学习 X 射线衍射仪的操作方法。
3. 了解比表面分析测试仪的原理。

二、实验原理

类沸石咪唑骨架材料，简称 ZIFs。ZIFs 主要是以 Zn^{2+} 或 Co^{2+} 与咪唑或咪唑衍生物等有机配体自组装形成的。ZIFs 系列材料与沸石分子筛拥有非常相似的拓扑结构，不同的是，沸石分子筛中的 Si 或 Al 原子和氧原子在 ZIFs 材料中分别与 Zn^{2+} 或 Co^{2+} 和咪唑或咪唑衍生物相对应。类沸石金属有机骨架（ZIFs）作为金属有机骨架（MOFs）材料的一个分支，结合了 MOFs 和传统硅铝沸石分子筛的优点而成为一种新型的多孔材料。一方面 ZIFs 拥有大比表面积、高孔隙率和功能多样性等 MOFs 骨架特性。另一方面，因为金属离子与咪唑类配体之间的相互作用更强，所以 ZIFs 通常比其他的 MOFs 材料具有更高的热稳定性和化学稳定性。ZIFs 在惰性气体中的坍塌温度通常大于 400℃。另外，将 ZIF-8 放入水、甲醇等溶剂中加热回流 1 周，仍能保持相对完好的结构。基于以上这些特性，近些年 ZIFs 材料在气体存储和分离、催化等研究领域得到了广泛的关注。

目前，文献中报道的类沸石金属有机骨架常用的合成方法主要有 5 种：液相扩散法、水/溶剂热法、微波合成法、球磨法和室温搅拌法。室温搅拌法是将 ZIFs 前驱体的各组分分别溶解于溶剂中形成溶液，然后将含不同组分的溶液混合，搅拌使其充分接触，从而快速产生晶体。该方法反应条件温和，耗能少，时间短，容易获得尺寸较小的晶体，但也要求前驱体在室温下具有良好的溶解性。本实验中用到的 ZIF-67 晶体就是用这种方法制备得到的。

三、仪器与试剂

1. 仪器

分析天平，烧杯，量筒，移液管/移液枪，砂芯抽滤装置，磁子，磁力搅拌器，真空干燥箱，X 射线衍射仪，比表面分析测试仪。

2. 试剂

$Co(NO_3)_2 \cdot 6H_2O$，2-甲基咪唑，去离子水，甲醇。

四、实验步骤

1. ZIF-67 材料的制备

将 $Co(NO_3)_2 \cdot 6H_2O$(450mg，1.55mmol) 和 2-甲基咪唑（5.5g，67mmol）分别溶解在 3mL 和 20mL 的去离子水中。两个溶液混合后在室温下搅拌 6h。通过离心、过滤、水和甲醇洗涤，收集产生的紫色沉淀物，最后在 80℃ 下真空干燥 24h。

2. 物相表征

利用 X 射线衍射仪分析产物所属物相，通过与标准卡片进行比对验证 ZIF-67 是否成功制备。

3. 比表面测试

将 ZIF-67 样品在 ASAP2020 比表面分析测试仪上测试其比表面积和孔径分布。

五、思考题

1. 磁力搅拌速度对产物有何影响？
2. 溶剂比例对产物有何影响？
3. 如何分析 XRD 数据？
4. 比表面测试时需注意哪些问题？

实验 35　食物中铅、镉、铬、砷、汞等有毒元素的测定（设计）

一、实验背景

人体是由化学元素组成的，构成地壳的 90 多种元素在人体内几乎均可找到。但是人体所必需的元素只不过有 25 种。大量研究表明，化学元素与人的健康、长寿、智力、美容等相关，它对人的生命过程起着调控作用。元素在生物体中尽管以不同形式存在（包括各种化合物或配体），但它们在生命代谢过程中既不能分解，也不能转化为其他元素。人体中的元素可分为必需元素和有毒元素。必需元素是在生物体内维持正常生命活动所不可缺少的元素，确定有 11 种必需的常量元素（氢、碳、氮、氧、钠、镁、磷、硫、氯、钾、钙）和 14 种必需的微量元素（氟、硅、钒、铬、锰、铁、钴、镍、铜、锌、硒、钼、锡和碘）。有毒元素，即对生物体有害的元素，如汞、铅、镉等。对于必需元素也有一个最佳的健康浓度或含量，有的微量元素有较大的恒定值，如锌；有的在最佳浓度和中毒浓度之间有一个狭窄的安全限度，如铜和硒。即使是有益的必需元素，在工业生产中也可变为有毒的化合物，如铬。元素不像某些维生素那样能在人体内自行合成，必须通过膳食、服用（或注射）药物、呼吸及皮肤渗透等从外界摄入。

二、实验目的与要求

1. 查阅文献资料，了解铅、镉、铬、砷、汞等元素对人体的危害作用。
2. 选择一种食物试样，在铅、镉、铬、砷、汞五个元素中，任意确定三种元素为监测对象，制定出检测实验方案，并进行实验。
3. 写出实验报告。

实验 36　纳米氧化锌的制备及分析（设计）

一、实验背景

纳米 ZnO 是一种面向 21 世纪的新型高功能精细无机产品，由于颗粒尺寸的细微化，比表面积急剧增加，使得纳米氧化锌产生了其本体材料所不具备的表面效应、小尺寸效应和宏观量子隧道效应等。因而，纳米氧化锌在此磁、光、电、化学、物理学、敏感性等方面具有一般氧化锌产品无法比拟的特殊性能和新用途，在橡胶、涂料、油墨、颜填料、催化剂、高档化妆品以及医药等领域展示出广阔的应用前景。

纳米氧化锌的制备方法很多，按研究的学科可分为物理法、化学法和物理化学法。按照物质的原始状态又可分为固相法、液相法和气相法。

物理制备法是指采用光、电技术使材料在真空或惰性气体中蒸发，然后使原子或分子形成纳米微粒；或用球磨、喷雾等以力学过程为主获得纳米微粒的制备方法。物理法包括机械粉碎法和深度塑性变形法。机械粉碎法采用特殊的机械粉碎、电火花爆炸等技术将普通级别的氧化锌粉碎至超细。

化学制备法各组分的含量可精确控制，并可实现分子、原子水平上的均匀混合，通过工艺条件的控制可获得粒度分布均匀、形状可控的纳米微粒材料。因此，它是目前采用最多的一种方法，纳米氧化锌的制备也不例外。化学制备方法又可分为化学沉淀法、化学气相沉积法、水解法、热分解法、微乳液法、溶胶-凝胶法、溶剂蒸发法等多种方法。

二、实验目的与要求

1. 查阅相关文献，选择一种可行的化学方法制备纳米氧化锌并设计详细实验方案（包括所选用的化学制备法，选择合适的含锌试剂及辅助试剂）。

2. 根据实验方案进行实验，制备氧化锌微粉。

3. 了解微粉分析可采用的仪器及方法原理，如粒度分布仪、X 射线衍射仪、透射电子显微镜。

4. 对所制备的微粉进行分析：粒径分布、晶相结构、表面形貌和粒径大小。

根据试验方法及实验结果写一篇小论文。

第五部分

常用仪器使用指南

DDS-11D 型电导率仪的使用方法

1. 仪器外形及各调节器功能（见图 5-1）。

2. 电极的使用。

按被测介质电阻率（电导率）的高低，选用不同常数的电极，并且测试方法也不同。一般当介质电阻率大于 $10M\Omega \cdot cm$（小于 $0.1\mu S \cdot cm^{-1}$）时，选用 $0.01cm^{-1}$ 常数的电极且应将电极装在管道内流动测量。当电阻率大于 $1M\Omega \cdot cm$（小于 $1\mu S \cdot cm^{-1}$）小于 $10M\Omega \cdot cm$（大于 $0.1\mu S \cdot cm^{-1}$）时，选用 $0.1cm^{-1}$ 常数的电极，任意状态下测量。当电导率在 $1\sim100\mu S \cdot cm^{-1}$ 时，选用常数为 $1cm^{-1}$ 的 DJS-1C 型光亮电极。当电导率为 $100\sim1000\mu S \cdot cm^{-1}$ 时，选用 DJS-1C 型铂黑电极，任意状态下测量。当电导率大于 $1000\mu S \cdot cm^{-1}$ 时，选用 DJS-10C 型铂黑电极。

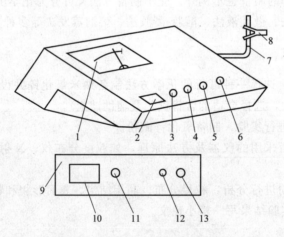

图 5-1　仪器外形及各调节器功能

1—表头；2—电源开关；3—温度补偿调节器；4—常数补偿调节器；
5—校正调节器；6—量程开关；7—电极支架；8—电极夹；9—后面板；
10—电源插座；11—保险丝座；12—输出插口；13—电极插座

3. 调节"温度"旋钮。

用温度计测出被测介质温度后，把"温度"旋钮置于相应介质温度的刻度上。注：若把旋钮置于 25℃线上，仪器就不能进行温度补偿（无温度补偿方式）。

4. 调节"常数"旋钮。

即把旋钮置于与使用电极的常数相一致的位置上。

(1) 对 DJS-1C 型电极，若常数为 0.95，则调在 0.95 位置上。

(2) 对 DJS-10C 型电极，若常数为 9.5，则调在 0.95 位置上。

(3) 对 DJS-0.1C 型电极，若常数为 0.095，则调在 0.95 位置上。

(4) 对 DJS-0.01C 型电极，若常数为 0.0095，则调在 0.95 位置上。

5. 把"量程"开关扳在"检查"位置，调节"校正"使电表指示满度。

6. 把"量程"开关扳在所需的测量挡。如预先不知被测介质电导率的大小，应先把其扳在最大电导率挡，然后逐挡下降，以防打坏表针。

7. 把电极插头插入插座，使插头的凹槽对准插座的凸槽，然后用食指按一下插头的顶部，即可插入（拔出时捏住插头的下部，往上一拔即可）。然后把电极浸入介质。

8. "量程"开关扳在黑点挡，读表面上行刻度（0～1）；扳在红点挡，读表面下行的刻度（0～3）。

722 光度计操作使用方法

仪器只有 4 个键，分别为"A/T/C/F"转换键，用于选择测量功能；"SD"键，用于与计算机通信传输数据；"0%"键，用于调零点，只有在 T 状态下有效，打开样品室盖，按键后显示 000.0；"100%"键，用于调参比，在 A、T 状态下有效，参比溶液置于光路中，关闭样品室盖，按键后显示 0.000 或 100.0。

1. 将灵敏度调节旋钮调至"1"挡（放大倍率最小）。

2. 开启电源，指示灯亮，选择开关置于"T"调节旋钮波长置测试用波长。仪器预热 20min。

3. 打开样品室盖（光门自动关闭）；调节"0%"旋钮，使数字显示为"0.000"。

4. 将盛有参比溶液的吸收池分别置于试样架的第 1 格内，盖上样品室盖子（光门打开），将参比溶液置于光路中，调节"0A/100%"，使数字显示为"100.0"（若显示不到"100.0"则应适当增加灵敏度挡），然后再调节"0A/100%"直到数字显示为"100.0"。

5. 重复操作 3 和 4，直到显示稳定。

6. 吸光度 A 的测定：将选择开关"A/T/C/F"置于"A"挡，调节吸光度调零旋钮"Abs, 0.000"，使数字显示为"0.000"。将待测溶液移入光路，显示值即为待测溶液的吸光度值。

7. 浓度 c 的测定：若测量浓度，将选择开关"A/T/C/F"置于"C"挡，将已知浓度的溶液置于光路中，调节浓度旋钮，使数字显示为标定值。将待测溶液移入光路，显示值即为待测溶液的浓度。

8. 如果大幅度改变测试波长时，在调整"0%"和"100%"后需稍等片刻（因光能量变化急剧，光电管受光后响应缓慢，需一段光响应平衡时间）。稳定后，重新调整"0%"和"100%"，即可工作。

9. 每台仪器所配套的比色皿不能与其他仪器上的比色皿单个调换。

10. 测量完毕，打开试样室盖，取出吸收池，洗净擦干。然后关闭仪器的电源，待仪器冷却后，盖上试样室盖，罩上仪器罩。

附：比色皿使用注意事项。

1. 拿取比色皿时，手指不能接触其透光面。

2. 装溶液时，先用该溶液润洗比色皿内壁 2～3 次；测定系列溶液时，通常按由稀到浓的顺序测定。

3. 被测溶液以装至比色皿的 3/4 高度为宜。

4. 装好溶液后，先用滤纸轻轻吸去比色皿外部的液体，再用擦镜纸小心擦拭透光面，直到洁净透明。

5. 一般参比溶液的比色皿放在第一格，待测溶液放在后面三格。

6. 实验中勿将盛有溶液的比色皿放在仪器面板上，以免沾污和腐蚀仪器，实验完毕，及时把比色皿洗净、晾干，放回比色皿盒中。

紫外-可见分光光度仪（北京普析通用仪器 UVWIN5）操作规程

1. 先开外设计算机，将干燥剂从样品室取出，盖好样品室盖，开启光度计电源，10s 后，开启计算机电源。

2. 从计算机桌面上启动光度计应用程序 UVWIN5 图标，仪器自检（自检时不要开启样品室盖）。

3. 参数设置：激活光谱扫描窗口，选择主菜单光谱扫描功能，选择【测量】菜单下的【参数设置】子菜单，可打开设置窗口，选择需要测量的参数。

4. 基线校正：紫外光度计的一项校正功能，在吸光度或透光率扫描测光方式下，空白溶液或溶剂进行校正。在光谱扫描之前，进行基线校正，在更改完扫描参数后，也必须进行基线校正。

5. 附件设置：选择主菜单光谱扫描功能，选择【测量】菜单下的【附件】子菜单，可打开附件设置窗口，点击"位置"，将相应的样品池选择为红色标记·，从而设置当前样品池的位置。如果设置选择为空白样品（·在空白位置），则在进行基线校正时，系统会自动切换到此样品池进行校正。

6. 光谱扫描：将样品倒入比色皿中，同上操作，设置选择为样品（·在样品位置），选择主菜单光谱扫描功能选择【测量】菜单下的【开始】子菜单，即可开始光谱扫描。

7. 图形处理：选择【图形】菜单下的相应子菜单，即可进行相应图形处理。例如，峰值检出：选择【图形】菜单下的【峰值检出】子菜单即可；选择【图形】菜单下的【读屏幕】子菜单即可读出图形中相应的数据。

8. 文件保存：想保存扫描文件，选择【文件】菜单下的【保存】子菜单，在弹出的保存窗口中输入要保存的文件名，然后点击【确定】按钮即可。

9. 导出数据：主要指测量数据，选择【文件】菜单下的【导出数据】子菜单，通过【导出类型】对导出的文件类型进行选择，在【导出文件】编辑框中输入要导出的文件名，或点击其右侧的"…"按钮对文件进行选择。设置完成后，点击【导出】按钮系统会按照设置的内容将所有的数据导出到指定的文件中。

10. 测量结束后，从样品室中取出比色皿，洗净放好，退出光度计应用程序，依次关闭计算机和光度计电源，样品室中放入干燥剂，盖好防尘罩，填写使用记录，关好水、电、门窗。

UV-2401PC 紫外分光光度计操作规程

1. 将干燥剂从样品室取出，盖好样品室盖，开启光度计电源，10s 后，开启计算机电源。

2. 从计算机桌面上启动光度计应用程序 UVPC，仪器自检（自检时不要开启样品室盖）。

3. 选择合适模式进行测定：单击工具栏"工作模式（Acquire Mode）"按钮。

（1）光谱扫描测量模式

① 单击工具栏"光谱（Spectrum）"按钮，进入光谱扫描测量模式。

② 单击工具栏"配置（Configure）"按钮，选择"参数（Parameters）"按钮，进入参数设定对话框，按要求进行参数设定。

③ 在参比池和样品池中都放入参比液，盖好样品室盖，单击"Baseline"按钮，进行基线校正（参比液或测量波长范围改变后需重新校正）。

④ 在样品池（前面）中放入待测样品溶液，单击"开始（Start）"进行测定，扫描完毕，出现对话框，输入文件名：命名文件进行结果保存。注意此时数据结果只保存在通道中。

⑤ 重复④测量其余样品。

⑥ 保存文件：单击工具栏"文件夹（File）"按钮，选择"通道（Channel）"按钮，按要求进行通道操作设定；选择"保存通道（Save Channel）"。

⑦ 数据处理：单击工具栏"操作（ManiPulate）"按钮，按要求进行数据操作设定；选择"数据打印（Date Print）"按钮，或者是"峰值检出（Peak pick）"按钮进行数据处理。

（2）定量测定模式：Quantitative（单波长标准系列法）

① 单击工具栏"定量"按钮，进入定量测量模式。

② 单击工具栏"参数"按钮，进入参数设定对话框，选定单波长标准系列法，输入波长，选定拟合方式为"线性"，采用浓度法，给定浓度单位、标样个数、标样浓度等参数设定。

③ 在参比池和样品池中都放入参比液，盖好样品室盖，单击"Autozero"按钮，进行校正（参比液或测量波长范围改变后需重新校正）。

④ 在样品池中分别放入标样溶液，单击"测量"进行测定，程序自动给出吸光度值，并在右边的坐标下画出工作曲线。

⑤ 用标样建立好曲线后，按下 Unknown 键进入未知样测定界面，在样品池中放入待测样品，按下测量按钮，仪器开始测量。

4. 测量结束，退出光度计应用程序，依次关闭计算机和光度计电源，样品室中放入干燥剂，盖好防尘罩，填写使用记录，关好水、电、门窗。

F-2500 分子荧光光度计操作规程

1. 先打开仪器主机，打开计算机。

2. 点击桌面 FL-Solutions。

3. 寻找激发波长：放入样品，寻找激发波长，点击"Method"，出现对话框，点击"General"，在"Measurement"中选择"Wavelength scan"，点击"Instrument"，在"scan mode"中选择"Excitation"，在"Data mode"中只选"Fluorescence"，在"EM WL"中输入发射波长数值。在"EX start"中输入激发起始波长，在"EX end WL"中输入激发终止波长。点击"确定"即可得到荧光物质的激发光谱曲线。

4. 寻找发射波长：同上法。在"Scan mode"中选"Emission"。在"Data Mode"中只选"Fluorescence"，在"EX WL"中输入激发波长数值。在"EM start"中输入发射起始波长，在"EM end WL"中输入发射终止波长。点击"确定"即可得到荧光物质的发射光谱曲线。

5. 将样品放入，在"Scan mode"中选"Emission"。在"Data Mode"中只选"Fluorescence"，在"EX WL"中输入激发波长数值。在"EM start"中输入发射起始波长，在"EM end WL"中输入发射终止波长。点击确定即可得到荧光物质的发射光谱曲线。

6. 在完成测量之后，关闭仪器按下列步骤执行。

（1）从文件菜单（F）中，选择退出（X）指令。

○ close the monitor window，but keep lamp operating?

⊙ close the lamp，then close the monitor window.

选择"yes"，FL Solutions 程序将终止，同时氙灯关闭。

（2）关闭光度计的电源开关。

（3）点击 Windows98 的开始按钮，选择关机（U），在关机窗口对话框中，选择关机"OK"按钮。

（4）关闭计算机和显示器电源。

注意：

1. 终止 FL Solutions 程序

在完成测量之后，关闭仪器按下列步骤执行使用以上指令。

⊙ close the monitor window，but keep lamp operating?

○ close the lamp，then close the monitor window.

选择 yes，FL Solutions 程序将终止。

2. 关灯：使用以上指令来关闭氙灯，为了再次打开氙灯，必须重新启动光度计。

○ close the monitor window，but keep lamp operating?

⊙ close the lamp，then close the monitor window.

选择 yes。

3. 狭缝宽度一般为 5nm 或 10nm，如果改变狭缝宽度时先选定狭缝宽度，光栅自动关闭，自动调零。

红外光谱仪的操作规程

1. 开机

打开稳压电源、光学台及微机开关；自微机桌面上双击"EZ OMNIC"图标，进入光谱工作站。

2. 光学台性能检查

自"EZ OMNIC"窗口的"collect"下拉菜单中单击"advanced dignostics"进入光学台检测窗口，分别点击五个蓝色图标，显示的五个窗口无红色"×"出现说明仪器正常，可以开始扫描。

3. 参数设置

自"EZ OMNIC"窗口的"collect"下拉菜单中单击"experiment setup"进入参数设置窗口，根据实验需要设置各参数。

各对话框参数意义如下。

No. of scans：数值越大，信噪比越高，扫描时间越长。

Resolusion：数值越低，可辨认的谱带范围越窄。

Final format：显示光谱图的最终版式一般为透过率和吸光度。

Correction：一般常选择环境中的水和二氧化碳的吸收来校正所采得样品图谱。

Basename：文件基本名，由四部分构成，便于以后查找。

Experiment description：存储图谱前输入文件名和对实验文件的简单描述，以方便存储文件的调出。

各选择框的意义。

file handling：文件处理。

save automatically：自动存储，选择该项可实现图谱采集后的即时存储。

save interferograms：存储干涉图谱，选择该项可将背景、样品的干涉图与校正图谱同时存储。

background handling：背景管理。

collect background before every sample：样品图谱采集前采集背景图谱。

collect background after every sample：样品图谱采集后采集背景图谱。

collect background after ☐ minutes：设置在样品图谱采集后多少分钟采集背景图谱。

use specified background files：使用指定的背景文件。

各参数设置完成后，使用"save as"钮将设置存为一个新的实验文件。

4. 图谱采集

参数设置完成后，在"EZ OMNIC"窗口中的"experiment"下拉列表中会出现刚设置参数的实验文件名，选择该文件作为实验条件；点击"col bkg"或"col smp"采集图谱。

5. 图谱处理

根据实验目的对采集的图谱进行各种处理。

6. 关机

退出"EZ OMNIC"程序，按与开机相反的顺序关机。

注意：

1. 开机前先检查各个部件是否已连好，处于零点状态。

2. 打开稳压电源开关，稍等片刻，当电压稳定在 220V 后，打开主机电源，预热 1～2h 方可进行正常实验操作。

3. 实验时固体样品可用 KBr 压片法先制样，KBr 与样品按 100∶1 的质量比混合后用玛瑙研钵于红外灯下研细，然后移入压片机中压片，将片子固定在样品架上方可测试。

4. 液体样品可用液膜法测定，将1～2滴试样直接滴放在可拆池的一块盐片上，然后盖上另一块盐片，借助池架上的固紧螺丝拧紧两盐片后方可测试。

5. 打开相应的软件，先采集背景值，然后将样品架插入样品池中采集样品值，红外扫描 32s 后，将谱图切入当前窗口对其进行处理。

6. 实验完毕，关闭电源，使仪器恢复原状，并进行必要的整理和清洁工作。

普通液相色谱的操作规程

1. 开机前先配好试剂流动相，并做好流动相的超声脱气工作。

2. 接通电源，以新配制的流动相抽气，赶走管路中的气泡。

3. 打开泵，用流动相平衡色谱柱；打开检测器灯，进行基线校正。

4. 编制分离参数，主要设定各泵流动相流速、压力的记录方法、测定时间、检测时间、检测频率等，并进行方法保存以备后用。

5. 编样品表，主要包括样品信息、样品用量、检测条件、检测温度、检测时间等。

6. 运行样品表，并对检测数据进行自动记录。

7. 进样，保存打印结果。

8. 结束时先关闭检测器灯。

9. 将泵的流速调至"0"。

10. 关闭电源，洗进样器（微量注射器）、垫圈，用甲醇洗进样口。

注意所有进入色谱柱的液体均需经微孔滤膜过滤。

依利特 P1201 高效液相色谱仪操作程序

1. 仪器组成

大连依利特高效液相色谱仪由 P1201 泵两台、UV1201 检测器（190～650nm）一台、ZWII 柱温箱（选配）一台及 EC2006 色谱数据处理系统组成。

2. 开机

（1）接通稳压电源，依次打开两台 P1201 泵开关、UV1201 检测器开关、ZWII 柱温箱开关（实验无温度要求可不开，第一次使用连续按两下泵"操作菜单"进入菜单2，按"下光标"键进入 AB 泵的设定选项，分别设定好 AB 泵）。

通入经过滤并超声处理的流动相，打开放空阀，按"冲洗"键排除气泡，按"冲洗"键放空阀出口无液体流出时，需要用 20mL 注射器抽去管路上的气泡，待气泡排尽后（一般至少 30s 以上），再按一次"冲洗"键，停止冲洗，然后关闭放空阀（注：更换流动相时需要注意是否互溶）。

（2）打开计算机主机开关，显示器开关，打印机开关。

（3）进入 EC2006 色谱数据处理系统

① 在计算机桌面上双击 EC2006 色谱数据处理，或者在开始菜单→程序→EC2006 色谱

数据处理→EC2006 色谱数据处理系统，启动 EC2006 色谱数据，点击左边仪器控制→系统配置，选择 UV1201 检测器、P1201 泵-A、P1201 泵-B、柱温箱（未开启可不选），点击验证系统配置，弹出窗口内当前的设备必须包括前面所有选择的仪器（检测器、泵-A、泵 B、柱温箱），否则不能进入下一步操作。

② 分析参数的设置

a. 若是一个新的分析物质，点击"新建一个新方法"，点击左边仪器控制→仪器控制，在"梯度控制"内设置总流速、两种流动相比例、梯度曲线设置、最大压力等；在"柱温箱"内设置温度；在"检测器"内设置检测波长，点击"发送仪器参数"；点击"启动泵"按钮，选择"立即启动"（普通色谱柱）或者"缓启动"（不能承受压力变化的特殊色谱柱），开始运行泵。

点击左边"分析方法"→"分析方法"，在"数据采集方法"内输入采集时间，缺省路径（自动保存位置）；系统默认实验结束后手动点击"保存"按钮手动保存数据，如需设置自动保存数据，在"分析自动化"内，勾选"数据采集并存储"，在"预定文件名内"输入样品名称，勾选"时间"或"序号"作为保存名称的后半部分然后点击"文件"→"另存为"→"存储方法"，选择保存位置，输入名称，将此方法保存为方法，方便以后直接调出使用。

b. 若是一个以前分析过的物质，则点击"打开"图标，打开之前做好并保存的一个谱图，查看"仪器控制""分析方法"里面参数是否与要求一致，一致即可点击"发送仪器参数"，启动泵；不一致稍微修改后点击"发送仪器参数"，启动泵。

3. 谱图采集

（1）点击"启动基线监测"，开始查看基线，待基线平直后，点击"停止当前数据采集"。

（2）将手动进样阀的手柄扳到 Inject 状态，取好样，将进样针扎入进样口（进样针必须扎到底，绝不允许使用气相的尖针进样），点击"启动数据采集"，将手柄扳到 Load 状态，将样品缓慢注入定量环，马上将手柄从 Load 状态扳到 Inject 状态，此时开始在 EC2006 内采集数据。

（3）在采集过程中可点击"谱图预先设置"，改变 X、Y 轴坐标，以观察到需要的、清晰的图谱。

（4）若在采集中看到主峰出完，基线走直一段时间后，即可点击"停止当前数据采集"，按"保存"按钮，选择保存位置，写上文件名称，点击保存，保存谱图数据；或者设置在合适的时间等自动结束数据采集后，再保存数据。

4. 谱图处理

点击"打开一个数据或方法文件"，在目标文件夹内双击之前保存的色谱图，即出现样品色谱图。点击色谱图上的"最大化"按钮，在谱图的下方会出现具体的数据，或者点击"查看组分表与积分结果"，出现组分表窗口，与谱图下方出现的数据一致，在窗口内单击右键，出现菜单，选择"属性"，弹出"项目选项"窗口，在所需要的选项前打钩，在组分表内出现相应的图谱数据。根据需要对色谱图及数据进行分析处理，然后点击"打印预览"，查看是否符合要求，然后再点击"打印"，即可打印相应的图谱及数据。

5. 关机

（1）测定工作完成后，用甲醇洗泵、柱和检测器。逐级关闭 EC2006 软件窗口退出，关闭计算机和打印机，或者等柱子冲洗完毕再一起关闭亦可。

① 普通有机相-水相体系（不含缓冲盐）可以直接用纯有机相体系 $1\ mL\cdot min^{-1}$ 洗 30 倍柱体积（30min 以上），走平基线，保存柱子及仪器。

② 用含缓冲盐（酸、碱、盐等）的流动相做实验时，先用甲醇：水＝10：90（或乙腈：水＝10：90）$1mL\cdot min^{-1}$ 洗 30 倍柱体积（30min 以上），再换上纯甲醇（或纯乙腈）体系 $1\ mL\cdot min^{-1}$ 洗 30 倍柱体积（30min 以上），走平基线，保存柱子及仪器。

其他色谱柱保存严格按照其说明操作。

（2）冲洗完成后，关闭泵，检测器，关闭稳定压电源，再拔出输入电源插头，作好使用登记。

6. 注意事项

（1）流动相必须经过过滤和超声处理，样品也必须经过过滤和超声处理。

（2）泵必须在接有流动相的情况下才可以运行。

（3）液路在接有柱子时，若想使用冲洗功能，则必须把放空阀打开。

（4）使用缓冲盐流动相，在洗柱子时必须先用 10％甲醇水将缓冲盐洗尽后再用纯甲醇保存。

Agilent1200 高效液相色谱仪操作规程

1. Agilent1200 化学工作站的联机以及测试前的准备工作

① 将待测样品按要求前处理，准备 HPLC 所需流动相，并用超声仪器超声 15min 左右，检查线路是否连接完好，废液瓶是否够用等。

② 打开计算机，进入 Bootp。

③ 打开主机各模块电源（不分先后），等待 Bootp 接收，等待各模块就绪后，再双击 Instrument 1 online 工作站图标，进入化学工作站。

④ 从 "View" 菜单中选择 "Method and Run Control" 画面，单击 "View" 菜单中的 "Show Top Toolbar"，"Show Status Toolbar"，"System Diagram"，"Sampling Diagram"，使其命令前有 "√" 标志，来调用所需的界面。

⑤ 建立（主要设置流量、色谱柱温度、检测器波长以及输出报告时所需数据等内容）并调用一个分析方法，检查各参数的设置。旋开泵上的排气阀，将工作站中的泵流量设到 $5mL\cdot min^{-1}$，溶剂 A 设到 100％，设置溶剂 A 的实际体积、总体积以及所保留的最小体积。

⑥ 在工作站中打开泵，排出管线中的气体 15min。

⑦ 依次切换到 B、C、D 溶剂分别排气。排气后将泵流量设置到较小值：$0.2\sim1mL\cdot min^{-1}$，防止压力过大对色谱柱造成伤害。

⑧ 关闭排气阀，检查柱前压力。

⑨ 待柱前压力基本稳定后，打开色谱柱和检测器，观察基线情况，若基线不在 0 上，可点击 balance。

2. 样品测试及结果输出

① 点击 "Run Control" 中的 "Sample Information" 输入 "Operator Name"，并填写数据文件信息。其中编号方式可选择 "Prefix/Counter"，在 "Prefix" 中填入样品号，

"counter" 中自动变成 0000 并随着样品测试个数的增加变为 0001，0002，0003……。在 "Sample Name" 中输入样品名称，"Comment" 中输入流动相比例、流速等测试条件后点击 "OK"。

② 将待测样品用微量进样器定量取出（如 20μL），把进样口打到 LOAD 状态，插入进样器，注入样品后迅速打到 INJECT 状态，样品自动进入测试状态。

③ 测试完成后，测试结果以报告形式输出，包括保留时间、峰高、峰面积等，测试者可记录相关数据。

3. 关机

① 关机前，用不同比例水和甲醇进行梯度冲洗系统 20min，然后再用有机溶剂（如甲醇）冲洗系统 20min，关泵，关色谱柱，关检测器（适于反相色谱柱）（正相色谱柱用适当的溶剂冲洗）。

② 退出化学工作站及其他窗口。

③ 关闭 Agilent 1200 各模块电源开关，关闭计算机。

气相色谱的使用方法及守则

在气相色谱使用前，要注意对色谱各衔接部件进行检查，确保各部件安装正常；选择适合实验的色谱柱，特别是对含硫物质的测定，要选择对含硫物质有较好分离度的色谱柱；载气、氢气及空气在使用前要观察其是否可以用于分析并且确保充足的气体供应；由于以上三种气体可能含有一些杂质和水分，为了去除上述物质，在气体进行色谱前均由气体净化装置进行了处理，而气体净化装置会因水分的积累而失效，因而要对其进行观察，以便更换。待上述各部分检查完毕并且正常后方可进行后续的使用。

1. 载气钢瓶的使用规则

① 钢瓶必须分类保管，直立固定，远离热源，避免暴晒及强烈震动，氢气室内存放量不得超过两瓶。

② 氧气瓶及专用工具严禁与油类接触。

③ 钢瓶上的氧气表要专用，安装时螺扣要上紧。

④ 操作时严谨敲打，发现漏气需立即修好。

⑤ 气瓶用后的剩余残压不应少于 980kPa。

⑥ 氢气压力表系反螺纹，安装拆卸时应注意防止损坏螺纹。

2. 减压阀的使用及注意事项

① 在气相色谱分析中，钢瓶供气压力在 9.8～14.7MPa。

② 减压阀与钢瓶配套使用，不同气体钢瓶所用的减压阀是不同的。氢气减压阀接头为反向螺纹，安装时需小心。使用时需缓慢调节手轮，使用后必须旋松调节手轮和关闭钢瓶阀门。

③ 关闭气源时，先关闭减压阀，后关闭钢瓶阀门，再开启减压阀，排出减压阀内气体，最后松开调节旋杆、调节螺杆。

3. 微量注射器的使用及注意事项

① 微量注射器是易碎器械，使用时应多加小心，不用时要洗净，放入盒内，不要随便

玩弄、来回空抽，否则会严重磨损，损坏气密性，降低准确度。

② 微量注射器在使用前后都必须用丙酮等溶剂清洗。

③ 对 $10 \sim 100 \mu L$ 的注射器，如遇针尖堵塞，宜用直径为 0.1mm 的细钢丝耐心穿通，不能用火烧的方法。

④ 硅橡胶垫在几十次进样后，容易漏气，需及时更换。

⑤ 用微量注射器取液体试样，应先用少量试样洗涤多次，再慢慢抽入试样，并稍多于需要量，如内有气泡，则将针头朝上，使气泡上升排出，再将过量的试样排出，用滤纸吸去针尖儿外所沾试样。注意切勿使针头内的试样流失。

⑥ 取好样后应立即进样，进样时，注射器应与进样口垂直，针尖刺穿硅橡胶垫圈，插到底后迅速注入试样，完成后立即拔出注射器，整个动作应进行得稳当、连贯、迅速。针尖在进行进样器中的位置、插入速度、停留时间和拔出速度等都会影响进样的重复性，操作时应注意。

4. FPD 检测器的使用及注意事项

① 开启 FPD 电源前，必须先通载气；实验结束时，先关闭热导电源，最后关闭载气。

② 稳压阀、针形阀的调节需缓慢进行。稳压阀不工作时必须放松调节手柄；针形阀不工作时，应将阀门处于"开"的状态。

③ 各室升温要缓慢，防止超温。

④ 更换汽化室密封垫片时，应将热导电源关闭，若流量计浮子突然下落到底，也应首先关闭该电源。

5. GC 的一般使用程序

① 检查电路，气路连接是否正常。

② 接上电源。

③ 开启载气、空气，并调节好压力。

④ 设定主机升温程序，检查无误后开机加热，使主机处于准备状态。

⑤ 设定处理机各项参数，并检查无误。

⑥ 开启氢气，调节压力，用点火器点火，并进行确认。

⑦ 确认基线走平，快速进样并迅速按下处理机"开始"键，进行记录。

⑧ 分析完毕，按下处理机"停止"键。

⑨ 实验结束后，先关闭氢气，并燃烧完毕，继续通入载气，至柱温箱温度下降至室温左右，然后关闭载气、空气。

⑩ 关闭所有电源。

⑪ 清理台面，认真做好实验使用记录。

CP3800 气相色谱仪开关机操作规程

1. 开机程序

在开机前，先接上已老化过的色谱柱。

(1) 使用氢火焰（FID）检测器

① 开启气源钢瓶，调节钢瓶减压阀出口压力。

气体	压力范围/MPa	推荐压力/MPa
高纯氮气	小于0.55	0.4
干燥空气	小于0.42	0.3
氢气	小于0.28	0.2

② 打开 GC 和 combi PAL 仪器开关，仪器进行自检→在 GC 控制面板上按 Detector→Oven power→用▽→on 待 FID 温度升到100℃以上→开始点火（检测器界面 electronics 改成 on 状态）。

③ 打开计算机软件，打开已编好的方法→点选窗口左下角 Control→出现 Control 界面→检查仪器各参数→点选 Overview→将方法从电脑上传至仪器。

（2）使用电子捕获（ECD）检测器

① 色谱柱老化　在开机之前，先安装一个老化好的毛细管柱，并且建立载气及尾吹流速（在 Detector-ECD 界面下按 Adjustment→翻页→至 make-up flow 可将尾吹气设为50mL·min^{-1}）。如果毛细管柱没有充分老化，封堵 ECD 的进口，按照厂家推荐的条件老化毛细管柱。然后把毛细管柱与检测器连接起来。永远不要在 ECD 检测池没有惰性气体来源（来自色谱杆或尾吹气）的情况下，在高温下操作 ECD。在毛细管柱连接到 ECD 检测器的情况下老化，可能严重污染检测器，这要花费很大精力来恢复原来的功能。

② 设置接触电位

将老化好的柱子接上 ECD：打开载气，设置钢瓶正确的输出压力。

在 CP-3800 面板上，选择 Detector-ECD，设置以下参数。

Tempera ture：300℃；

Electron：ON；

Range：1.0；用"∨"或"∧"翻页键翻至第二页；

Autozero：NO；

将尾吹 make-up 的流量设到50mL·min^{-1}（进样时设在28～30mL·min^{-1}）。

等达到设定温度后（一般300℃），平衡若干小时，最好过夜；一般在 Signal≤3.0mV 下进行以下步骤。在 ECD 屏幕上，按 Adjustment：

将 Cell Current 设为 Zero（用面板右下角上的△▽键进行设定）；

将 Contact potential 设为-760mV；按压 Clear Autozreo；

逐步增加（50mV）接触电位的设定值；直到信号有一个突变（如：-11.973mV 变至-10.586mV）；在这个突变信号附近做10mV的微调，直到信号强度为（-12.5+0.5）mV，记下这时的电位数，在方法程序中输入此数值（390mV），这是脉冲信号值。

当方法上传后，面板上的 Signal 一般在-0.027～2.28mV（或比这个区域大些）范围内变化，此时可进样测定。

2. 关机程序

（1）选中软件窗口左下角 Data，进入 Data 窗口→点选 File→选择 open method→打开关机方法→点选窗口左下角 Control→出现 Control 界面→检查仪器各参数→点选 Overview→将方法从电脑上传至仪器。

（2）关闭氢气、干燥空气。待气相色谱各加热区域温度降到50℃以下（FID、ECD、进样口、炉温等）。

① 关闭气相色谱电源。

② 关闭 combi PAL 和电源。

③ 关闭计算机。

④ 关闭高纯氮气。注意：高纯氮气开机时最先打开，关机时最后关闭。

WLY100-2 电感耦合等离子体发射光谱仪操作规程

1. 打开电源开关，空调温度设为 23℃左右。

2. 打开计算机、水循环、稳压电源、主机电源，预热 10～20min。

3. 打开气瓶阀门，出口压力调为 0.3MPa，按下点火键，调节仪器面板的气体流量，从左到右分别为 0.1～0.2MPa、14～16L·min^{-1}，0.5～0.8L·min^{-1}。点火后通载气，点火成功。

4. 打开 ICP-AES 测试工作软件，按照如下步骤操作。

① 点击上方第三个按钮，找光零，退出。

② 点击"文件"，建立新方法，输入新建方法文件名（如"20150901"），点击"确定"，出现一个新窗口。在新窗口中，设定元素波长条件，点击上方的"元素周期表"从中选中所测元素，点击"确定"；设定元素浓度条件，按照从小到大的顺序，依次输入所配各标准溶液的浓度数据，然后点击"保存方法"。

③ 点击"谱图扫描"：将毛细管放入浓度最大的标准液中进行取液，"扫描"，输入样品名（如"sample 1"），"确定"。扫描完成后，定峰，关闭此窗口。

④ 点击"标准曲线测量"：将各标准溶液按照浓度由小到大逐一进行测量，输入序号（如"std0，std1，std2，……"），作出标准曲线，关闭此窗口。

⑤ 点击"多谱线测量"，将毛细管放入待测样品中取液，输入样品名（如"sample"），"测量"，出现谱图，点击屏幕右侧的"明细"，可读出谱线强度、浓度等数据，点"浓度"可读出待测溶液的浓度数值。点窗口上方的"将结果导出到 Excel"将数据保存到电脑。

⑥ 测试结束，依次关闭各窗口，退出程序。

5. 按熄火键，关闭载气，清洗进样管。熄火 10min 方可关闭主机电源，主机关闭 10～20min 后关闭水循环，然后关闭气瓶和稳压电源。数据处理完毕，关闭计算机、空调，关闭墙壁上的电源开关。

日立 Z-2000 原子吸收分光光度仪操作规程

1. 开机前换灯（根据所需要测的元素）

2. 开机

① 开启计算机，打开 ZeemanAAS 软件，开启主机电源开关。

② 打开氩气或乙炔的阀门，检查气体的压力，氩气压力不得小于 0.5MPa，乙炔压力不得小于 0.1MPa。

③ 开启空气压缩机的电源，调整空气压力在 0.4～0.5MPa 之间。

④ 开启冷却循环器，检查冷却水是否足够。

⑤ 机器预热 15～30min 后进行样品测定。

3. 火焰法：方法与参数设置

① 点击图标 Measurement mode→选择 Flame。

② 点击图标 Elements→选择需测定的元素和阴极灯所在的位置。

③ 点击图标 Instrument Setup→进行仪器设置，检查 Lamp Current 是否为 7.5mA。

④ 点击图标 Analytical Condition 进行分析条件设置，选用火焰检查 Burner Height 是否为 7.5。

⑤ 点击图标 Standards Table 进行标准曲线条件设置，选择 Working Curve 的选项。

⑥ 点击图标 Sample Table 进行样品参数设置。

⑦ 点击图标 Report Format 保存路径和格式的设置。

⑧ Monitor→工具 →连线；点击图标 Verify；Check→检查泄漏。保存所设置的方法。

4. 样品的测定

① 设置条件→ 点灯，再按主机红开关 Flame 点火。

② 进样管插入二次水中吸入 5min，Monitor →测量→自动校零；插入未知样品→start，按系统提示逐个进样测量。

③ 样品测完后，让机器吸重蒸水清洗 5min。

5. 石墨炉原子吸收法测定

① 启动 AAS 系统。

② 单击 Method，测量方式为石墨炉，样品导入为自动进样器。

③ 点击图标 QC，进行 QC 参数设置。

④ 点击图标 Autosampler 进行样品和标准曲线参数的设置。

⑤ 点击 Move Nozzle 检查针头高度是否适宜。

⑥ 把标样、测定样和稀释液按顺序放进载物盘。

⑦ 点击 Start 开始测定。

⑧ 处理数据、打印结果。

6. 测定后

① 关机：先关闭气阀和冷却水，后关闭操作系统，最后关闭主机电源和计算机。

② 清洁仪器并罩上防尘罩。

③ 认真填写仪器使用记录。

XRD-6100 型 X 射线衍射仪操作规程

1. 开机前检查仪器是否正常。

2. 打开循环冷凝水电源及控制面板，控制一定的循环水温度（一般为 20℃）。

3. 打开 X 射线衍射仪主机开关（左下侧），Power 灯亮。

4. 双击桌面 PCXRD 图标进入程序。依次打开 Display Setup（显示和设置窗口）；Right Gonio Condition（测试条件设置窗口）；Right Gonio Analysis（测试窗口）。

5. 在 C 盘 XDDat 文件夹下建立姓名文件夹（如"李华"），在姓名文件夹下建立要测样品的文件夹（如"测试一"）。

6. 制样压片：要求样品表面平整，样品槽外清洁，以免污染仪器。

7. 打开主机门，将样品片插入主机的样品座中，关上机门。

8. 在 Right Gonio Condition（测试条件设置窗口）中输入扫描条件（一般为设置扫描速度，即 scan speed）、样品名称等。进入 Right Gonio Analysis（测试窗口），即双击蓝条，出现对话框，在 group name 栏输入文件夹名称（如"李华"），在下一栏输入子文件夹名称（如"测试一"），点击 new，点击右方按钮 Append，点击下方蓝条，点击 start，测试开始，机器的 X-rays on 指示灯亮。测试完毕，指示灯关闭。

9. 保存：双击 File Maintenance，找到相应的文件夹（如"李华"），点击 refer，找到子文件夹（如"测试一"），点击下方 refer，Ascii dump，确定。找到文件夹检查数据是否保存。

10. 点击 Search Match 进行分析。

11. 换下一个样品时，在 Right Gonio Analysis（测试窗口）点击下方的 delete 删除下方文件，点击上方剪刀图形，删除上方文件。在 C 盘姓名文件夹下建立新的子文件夹（如"测试二"），按照步骤 8、9 进行测定、保存。

12. 关机：将样品取出，点击 Display Setup（显示和设置窗口），点击上方 dump 按钮，点击 Theta-2Theta 进行复位，复位结束，关闭软件，关 X 射线衍射仪，关闭计算机。循环水需 30min 后关闭。

注意事项：

1. 开关门时要轻开轻关，避免震动。

2. 当 X-rays on 指示灯灭后才可开启机门。

3. 测试过程中切忌打开或试图打开机门。

固体紫外分光光度计操作规程

1. 按下电源开关，打开电源，分光光度计正面的 LED 指示灯瞬间点亮后呈绿色闪烁显示。

2. 双击桌面 UVProbe 2.40 图标，启动 UVProbe。

3. 单击窗口菜单下的光谱，显示光谱模块的测定窗口，点击"仪器控制按键"栏的"连接"，连接分光光度计和 PC，待连接窗口都显示绿灯，点击确定。

4. 点击屏幕上方"M"按钮，显示光谱方法。在"测定"中设置测定样的相应的值，"样品准备""数据处理""附件"可不动，"仪器参数"中测定方法一般选择"反射率"，狭缝宽一般设为 5.0，检测器单元为外置（单检测器），点击确定。

5. 点击"仪器控制按键"栏的"基线"进行基线校正。

6. 放（换）样：将压好的样品放入左下方的测定槽中，右下方的测定槽中为参比样。

7. 点击测定，开始测定。

8. 测量完毕，选择右方的谱图进行保存，注意第一条线为基线。第二条以下才为样品谱图。

9. 保存：选中要保存的谱图，文件→保存，选择自定义文件夹，保存为 TXT 格式。

10. 测定完毕，将样品取出，放入纯品 $BaSO_4$，将干燥剂放入样品槽保持干燥，开机时取出。

11. 关闭电脑，关闭仪器主机。

压片注意事项：

先放适量光谱纯 $BaSO_4$，用玻璃柱压实，放入一点点待测样，再用玻璃柱压实。

ASAP 2020 物理吸附仪操作规程

1. 开机及准备

依次打开气体、计算机、真空泵、吸附仪主机，听到嘀声后，双击"ASAP 2020"图标进入软件操作界面。

2. 样品准备

（1）称量空样品管的质量（去除泡沫底座质量后，将样品管加塞后套在上面称重），比表面过小时需加填充棒。

（2）用称量纸称量样品质量（样品量根据样品材料比表面积的预期值不同而定。比表面越大，样品量越少，多孔材料不低于 0.1g。参考值：BET surface area $40\sim120m^2 \cdot g^{-1}$）。

（3）将所称量样品装入已称重的空样品管中（粉末样品用纸槽送到样品管中，以免样品黏在管壁上），再次称重。

（4）将样品管安装到脱气站口，在样品管底部套上加热包，再用金属夹将加热包固定好。等待脱气处理。

3. 软件操作程序设定

（1）点击"File"→"Open"→"Sample Information"→"OK"（新建一个文件）→"Yes"，根据实验需要选择相应的文件，双击列表中的文件名进行替换。

（2）在"Sample Information"中依次输入详细的样品名、操作者、样品提交者。

（3）在"Sample Tube"中输入所用的样品管编号，选择"Use isotherm jacket"和"Seal frit"。

（4）在"Degas Condition"中输入脱气条件。预处理脱气时间最少为 2h，吸湿性的样品及其他特殊样品应至少脱气 4h，最好能脱气过夜。

（5）在"Analysis Condition"中依次设定分析条件。

（6）在"Adsorptive Properties"中根据实验需要修改相应的气体参数。

（7）在"Report Options"中选择所要查看的报告项目。

（8）点击"Save"→"Close"。

4. 样品脱气及分析

（1）点击"Unit1"→"Start Degas"→"Browse"，双击所建的文件，点击"Start"，开始脱气。

（2）脱气结束后，在对话框中点击"OK"。将样品管从脱气站取下来迅速称重，减去空样品管的质量后得到脱气回填后样品的质量。

（3）将样品管装到分析站，放上盛有液氮的杜瓦瓶，等待分析。

（4）点击"Unit1"→"Sample Analysis"，双击所建的文件，输入空管质量和脱气后空管＋样品质量，检查所输入的分析条件等信息，无误后点击"Start"，开始分析。

5. 数据导出

（1）点击"Reports"→"Start Reports"，双击选择所建立的新文件，即可查看实验报告。

（2）点击"Save as"，根据需要可以将文件另存为 Excel 表格（.xlx）格式或者文本（.txt）格式。

6. 关机

（1）关闭软件，关闭计算机。

（2）一般不需要关闭吸附仪主机电源，使其处于抽真空状态（分析结束后，系统自动处于抽真空状态）。

（3）若长期不使用，需要关闭吸附仪主机电源，步骤如下。

① 关闭软件，关闭计算机。

② 关闭吸附仪主机电源。

③ 关闭干泵的电源，拔下插头；拔下油泵的电源插头。

④ 拔下计算机和吸附仪主机的电源。

7. 使用登记

如实登记测试日期、操作者姓名、测试内容及使用情况等内容并签名。

8. 注意事项

（1）按顺序开关机，关机至少 5min 后才能再次开机。

（2）杜瓦瓶最好每两天换一次液氮。

（3）仪器测量时，不能关闭操作软件和计算机。

（4）"ASAP 2020"物理吸附和"ASAP 2020C"化学吸附不要频繁切换。

（5）仪器注意防潮、防尘、防湿。

（6）仪器配用计算机不能作他用。

SM7800F 场发射扫描电子显微镜操作规程

1. 样品准备

扫描电子显微镜以观察样品的表面形态为主，通常以尖角镊取少量符合扫描电镜测试要求的样品分散在样品座导电胶上，样品高度不可超过样品座上 3mm，以洗耳球吹去导电胶上未粘牢的样品，待测。

2. 样品测定

（1）样品交换

① 点击 Specimen 窗口的 Exchange Position 选项，使 EXCH POSN 灯点亮，并确认样品台 STAGE 处于样品交换的位置（X：0.000mm，Y：0.000mm，R：0.000mm，Z：40.0mm，T：0.000mm）。

② 按下 VENT 按钮对 Exchange chamber 放气破真空，直到 VENT 灯不闪，表示样品交换室处于大气状态。

③ 打开 Exchange chamber 并将样品座放置于 chamber 内，检查 chamber 清洁状态。完

全关闭 Exchange chamber 门并按 EVAC 键抽真空，等待 EVAC 灯不再闪动，则表示 Exchange chamber 真空度已达到要求。

④ 手持样品交换杆，转向水平方向并向前轻推样品杆，将样品 Holder 完全送进 Specimen chamber 中，注意当 HLDR 灯亮起后，再完全拉出样品杆，垂直立起放置，样品已正常放置于样品室中。

⑤ 正确选择所使用的 Holder 的类型，点击 OK 确认，并设定工作距离（一般 Z＝10mm）。

⑥ 确认样品室的真空值小于 $5×10^{-4}$ Pa 后便可进行图像操作。

（2）观察样品，获取图像

① 点击 Observation ON，开启 Gun Valve，设定操作参数（电压、电流及 WD 等），依照 1kV、5kV、10kV、15kV 逐次提升至所需要的电压，等电流稳定后开始测试。

② 右击鼠标选择 "stage move to center"，将观察点移动到屏幕的中央处。确定 Scanning Mode 在 Quick View 状态，调整 Magnification 下的旋钮增大放大倍数，寻找该倍率下的样品表面明显特征，并转动 Focus 的旋钮进行聚焦，调整亮度与对比度，直到样品表面特征的图像清楚为止。

（3）拍照存储

图像聚焦像散调整完毕，按下 Fine view2 及 Freeze 键扫描图像并定格，按下 Photo 键获取最终图像，保存于预设定的文件夹中。

（4）结束观察

① 将加速电压缓慢下降，等待 Emission 电流稳定后再降电压，按照 10kV、5kV、1kV 逐次降至 1kV。

② 将放大倍率调整至最低倍。

③ 点击 Observation Off。

④ 点击 Exchange Position 将样品台恢复到样品交换的初始位置。

⑤ 利用样品交换杆将样品 Holder 拉出样品交换室内，按下 VENT 放气，打开样品交换室取出样品 Holder 及样品，并检查样品交换室是否正常（有无脱落情况），关闭样品交换室并按 EVAC 抽真空，待 EVAC 灯不再闪烁后，结束观察。

微波消解仪操作规程

1. 将聚四氟乙烯消解瓶用 2% 的硝酸浸泡至少 30min，将所需消解物品放入聚四氟乙烯消解瓶中，加入消解试剂，置于固定瓶中，顺时针旋转至有一声"咔"，即可停止。

2. 往下按压着向外拉开微波消解仪箱门，将固定瓶平均放置于箱内，将一号瓶内插入温度控制仪，并将温度控制仪与微波消解仪相连接，关闭箱门。

3. 按下微波消解仪开关，按照以下步骤进行设置：密码 123456→OK→Program→Param→Twist. star→Param continuous 选上√号，设置 Ventilation 风冷时间 40min→Wave→Start→点 Run 看到运行界面。

4. 离开实验室直到消解完成，关闭微波消解仪，将固定瓶取出，置于通风橱放置 30min 冷至室温，逆时针方向打开，取出消解罐并转移消解液，将聚四氟乙烯瓶置于 2% 的硝酸中浸泡。

注意：

1. 取出消解罐的过程需全程在通风橱中进行，以防受伤。

2. 固定瓶除消解罐通用外，其余均配套，不可混乱放置，压力盖易碎，轻拿轻放。

3. 药品及消解液在消解罐中不能超过罐体的三分之一，但也不能太少。

4. 仪器内至少放置 3 个消解罐。

综合热分析仪 STA 409 PC 操作规程

1. 仪器的准备

① 依次打开恒温水浴、变压器、STA 409 PC 仪器、打开计算机。

② 打开氮气钢瓶调节气压为 0.1MPa，调节气压控制面板气压为 0.1MPa。

③ 一般恒温水浴与 STA 409 PC 仪器打开 2～3h 后，可以开始测量。

④ 准备好测试样品，在天平上称重并记录下来，将样品放入坩埚盘，视测试样品情况，必要时用坩埚盖盖上。

2. 样品的测试

① 打开炉子（safety＋up 键）放入样品，远端为参比物，近端为样品，小心关好炉子（safety＋down 键）。

② 在计算机界面打开"NETZSCN-TA4"后再打开"STA 409PC on COM"进入工作界面，等待几秒，当仪器与电脑完成自动连接时测量窗口下面会显示"在线"。

③ 打开"文件"下拉菜单，选择"打开"。

④ 出现"打开文件"对话框，选择打开最近的基线文件，然后单击"打开"，出现"测量向导"对话框。

⑤ 选择"样品＋修正"，填写样品编号、样品名称、样品质量，然后单击"继续"按钮。

⑥ 进入"测量参数"对话框，检查各项信息，单击"继续"。

⑦ 进入"打开温度校正文件"对话框，选择新建立的温度校正文件，单击"打开"。

⑧ 进入"打开灵敏度校正文件"对话框，选择新建立的灵敏度校正文件，单击"打开"。

⑨ 进入"设定温度程序"对话框，设置温度程序、气氛开关打开、升温速率，点击"继续"。

⑩ 进入"设定测量文件名"对话框，输入文件名，单击"打开"。

⑪ 出现"NETZSCH 测量"对话框，单击"NETZSCH 测量"中的"测量"。

⑫ 单击"初始化工作条件"转动流量计上的旋钮调节各路气体流量，点击"开始"，进行测量。

微机差热天平 HCT-3 操作规程

1. 打开气瓶，天平主机及计算机，打开 BJ-HENVER 热分析软件。

2. 称取小于 10mg 的样品于小坩埚中，放置于天平主机中。

3. 点击左上方采集旁边的三角形按钮，出现设置新升温参数对话框，设置基本参数、保存路径及分段升温参数（分段升温参数内气路一为氮气，气路二为二氧化碳，升温速率不可超过 $30℃·min^{-1}$）。

4. 点击右下方检查后确定，测定开始。右下方"点此显示实时采集数据"可显示测定情况。

5. 等到仪器测定完成，主控制面板上温度降至30℃以下时，可进行换样。

6. 测定完成，依次关闭软件、天平主机、计算机、气瓶，填写实验记录。

附 录

1. 危险药品的分类、性质和管理

类 别		举 例	性 质	注意事项
1. 爆炸品		硝酸铵、苦味酸、三硝基甲苯	遇高热摩擦、撞击等,引起剧烈反应,放出大量气体和热量,产生猛烈爆炸	存放于阴凉、低下处。轻拿、轻放
2. 易燃品	易燃液体	丙酮、乙醚、甲醇、乙醇、苯等有机溶剂	沸点低、易挥发,遇火则燃烧,甚至引起爆炸	存放阴凉处,远离热源。使用时注意通风,不得有明火
	易燃固体	赤磷、硫、萘、硝化纤维	燃点低、受热、摩擦、撞击或遇氧化剂,引起剧烈连续燃烧、爆炸	存放阴凉处,远离热源。使用时注意通风,不得有明火
	易燃气体	氢气、乙炔、甲烷	因撞击、受热引起燃烧。与空气按一定比例混合,则会爆炸	使用时注意通风。如为钢瓶气,不得在实验室存放
	遇水易燃品	钠、钾	遇水剧烈反应,产生可燃气体并放出热量,此反应热会引起自燃	保存于煤油中,切勿与水接触
	自燃物品	黄磷	在适当温度下被空气氧化、放热,达到燃点而引起自燃	保存于水中
3. 氧化剂		硝酸钾、氯酸钾、过氧化氢、过氧化钠、高锰酸钾	具有强氧化性,遇酸、受热、与有机物、易燃品、还原剂等混合时,因反应引起燃烧或爆炸	不得与易燃品、爆炸品、还原剂等一起存放
4. 剧毒品		氰化钾、三氧化二砷、升汞、氯化钡、六六六	剧毒,少量侵入人体(误食或接触伤口)引起中毒,甚至死亡	专人、专柜保管,现用现领,用后的剩余物,不论是固体或液体都应交回保管人,并应设有使用登记制度
5. 腐蚀性药品		强酸、氟化氢、强碱、溴、酚	具有强腐蚀性,触及物品造成腐蚀、破坏,触及人体皮肤,引起化学烧伤	不要与氧化剂、易燃品、爆炸品放在一起

注:中华人民共和国公安部 1993 年发布并实施了中华人民共和国公共安全行业标准 GA58—93。将剧毒药品分为 A、B 两级。

2. 常用酸碱溶液的浓度和密度

试剂名称	密度 /g·mL^{-1}	质量分数 /%	物质的量浓度 /mol·L^{-1}	试剂名称	密度 /g·mL^{-1}	质量分数 /%	物质的量浓度 /mol·L^{-1}
浓硫酸	1.84	98	18	浓氢氟酸	1.13	40	23
稀硫酸	1.1	9	2	氢溴酸	1.38	40	7
浓盐酸	1.19	38	12	氢碘酸	1.70	57	7.5
稀盐酸	1.0	7	2	冰醋酸①	1.05	99	17.5
浓硝酸	1.4	68	16	稀醋酸	1.04	30	5
稀硝酸	1.2	32	6	稀醋酸	1.0	12	2
稀硝酸	1.1	12	2	浓氢氧化钠	1.44	约41	约14.4
浓磷酸	1.7	85	14.7	稀氢氧化钠	1.1	8	2
稀磷酸	1.05	9	1	浓氨水	0.91	约28	14.8
浓高氯酸	1.67	70	11.6	稀氨水	10	3.5	2
稀高氯酸	1.12	19	2				

① 冰醋酸结晶点（G.R.）≥16.0℃，A.R.≥15.1℃，C.P.≥14.8℃。

3. 常用指示剂的配制

(1) 酸碱指示剂 (18~25℃)

指示剂名称	变色pH值范围	颜色变化	溶液配制方法
甲基紫(第一变色范围)	0.13~0.5	黄~绿	1g·L^{-1}或0.5g·L^{-1}的水溶液
甲酚红(第一变色范围)	0.2~1.8	红~黄	0.04g指示剂溶于100mL 50%乙醇
甲基紫(第二变色范围)	1.0~1.5	绿~蓝	1g·L^{-1}水溶液
百里酚蓝(麝香草酚蓝)(第一变色范围)	1.2~2.8	红~黄	1g指示剂溶于100mL 20%乙醇
甲基紫(第三变色范围)	2.0~3.0	蓝~紫	1g·L^{-1}水溶液
甲基橙	3.1~4.4	红~黄	1g·L^{-1}水溶液
溴酚蓝	3.0~4.6	黄~蓝	1g指示剂溶于100mL 20%乙醇
刚果红	3.0~5.2	蓝紫~红	1g·L^{-1}水溶液
溴甲酚绿	3.8~5.4	黄~蓝	0.1g指示剂溶于100mL 20%乙醇
甲基红	4.4~6.2	红~黄	0.1g或0.2g指示剂溶于100mL 60%乙醇
溴酚红	5.0~6.8	黄~红	0.1g指示剂溶于100mL 20%乙醇
溴百里酚蓝	6.0~7.6	黄~蓝	0.05g指示剂溶于100mL 20%乙醇
中性红	6.8~8.0	红~亮黄	0.1g指示剂溶于100mL 60%乙醇
酚红	6.8~8.0	黄~红	0.1g指示剂溶于100mL 20%乙醇
甲酚红	7.2~8.8	亮黄~紫红	0.1g指示剂溶于100mL 50%乙醇
百里酚蓝(麝香草酚蓝)(第二变色范围)	8.0~9.0	黄~蓝	参看第一变色范围
酚酞	8.2~10.0	无色~紫红	0.1g指示剂溶于100mL 60%乙醇
百里酚酞	9.4~10.6	无色~蓝	0.1g指示剂溶于100mL 90%乙醇

（2）酸碱混合指示剂

指示剂溶液的组成	变色点pH值	颜色 酸色	颜色 碱色	备注
三份1g·L^{-1}溴甲酚绿乙醇溶液 一份2g·L^{-1}甲基红乙醇溶液	5.1	酒红	绿	

指示剂溶液的组成	变色点 pH 值	颜色		备　注
		酸色	碱色	
一份 2g·L⁻¹甲基红乙醇溶液 一份 1g·L⁻¹亚甲基蓝乙醇溶液	5.4	红紫	绿	pH 5.2 红绿 pH 5.4 暗蓝 pH 5.6 绿
一份 1g·L⁻¹溴甲酚绿钠盐水溶液 一份 1g·L⁻¹氯酚红钠盐水溶液	6.1	黄绿	蓝紫	pH 5.4 蓝绿 pH 5.8 蓝 pH 6.2 蓝紫
一份 1g·L⁻¹中性红乙醇溶液 一份 1g·L⁻¹亚甲基蓝乙醇溶液	7.0	蓝紫	绿	pH 7.0 蓝紫
一份 1g·L⁻¹溴百里酚蓝钠盐水溶液 一份 1g·L⁻¹酚红钠盐水溶液	7.5	黄	绿	pH 7.2 暗绿 pH 7.4 淡紫 pH 7.6 深紫
一份 1g·L⁻¹甲酚红钠盐水溶液 三份 1g·L⁻¹百里酚蓝钠盐水溶液	8.3	黄	紫	pH 8.2 玫瑰 pH 8.4 紫色

(3) 金属离子指示剂

指示剂名称	解离平衡和颜色变化	溶液配制方法
铬黑 T （EBT）	$pK_{a_2}=6.3 \quad pK_{a_3}=11.55$ $H_2In^{-} \rightleftharpoons HIn^{2-} \rightleftharpoons In^{3-}$ 　　紫红　　蓝　　橙	5g·L⁻¹水溶液
二甲酚橙 （XO）	$pK_a=6.3$ $H_3In^{4-} \rightleftharpoons H_2In^{5-}$ 　　黄　　　红	2g·L⁻¹水溶液
K-B 指示剂	$pK_{a_1}=8 \quad pK_a=13$ $H_2In \rightleftharpoons HIn^{-} \rightleftharpoons In^{2-}$ 　　红　　蓝　　紫红 （酸性铬蓝 K）	0.2g 酸性铬蓝 K 与 0.4g 萘酚绿 B 溶于 100mL 水中
钙指示剂	$pK_{a_3}=9.4 \quad pK_{a_4}=13～14$ $H_2In^{2-} \rightleftharpoons HIn^{3-} \rightleftharpoons In^{4-}$ 　　酒红　　蓝　　酒红	1g 指示剂与 100g NaCl 研细混匀
Cu-PAN （CuY-PAN 溶液）	$CuY+PAN+M \rightleftharpoons MY+Cu-PAN$ 　　浅绿　　　无色　　红色	将 0.05mol·L⁻¹Cu²⁺溶液 10mL，加 pH 值为 5～6 的 HAc 缓冲液 5mL，1 滴 PAN 指示剂（1g·L⁻¹乙醇溶液），加热至 60℃ 左右，用 EDTA 滴至绿色，得到约 0.025mol·L⁻¹ 的 CuY 溶液。使用时取 2～3mL 于试液中，再加数滴 PAN 溶液
磺基水杨酸	$pK_{a_2}=2.7 \quad pK_{a_3}=13.1$ $H_2In \rightleftharpoons HIn^{-} \rightleftharpoons In^{2-}$ 　　无色	10g·L⁻¹的水溶液
钙镁试剂	$pK_{a_2}=8.1 \quad pK_{a_3}=12.4$ $H_2In^{-} \rightleftharpoons HIn^{2-} \rightleftharpoons In^{3-}$ 　　红　　蓝　　红橙	5g·L⁻¹水溶液

注：EBT 和 K-B 指示剂在水溶液中稳定性较差，可以分别配成指示剂与 NaCl 之比为 1∶100 和 1∶20 的固体粉末。

（四）氧化还原指示剂

指示剂名称	$\varphi^{\ominus}/V$ $[H^+]=1\text{mol}\cdot L^{-1}$	颜色变化		溶液配制方法
		氧化态	还原态	
二苯胺	0.76	紫	无色	$10\text{g}\cdot L^{-1}$的浓 H_2SO_4 溶液
二苯胺磺酸钠	0.85	紫红	无色	$5\text{g}\cdot L^{-1}$的水溶液
N-邻苯氨基苯甲酸	1.08	紫红	无色	0.1g 指示剂加 20mL $50\text{g}\cdot L^{-1}$ 的 Na_2CO_3 溶液,用水稀释至 100mL
邻菲啰啉-Fe(Ⅱ)	1.06	浅蓝	红	1.485g 邻菲啰啉加 0.965g $FeSO_4$ 溶解,稀释至 100mL（$0.025\text{mol}\cdot L^{-1}$水溶液）
5-硝基邻菲啰啉-Fe(Ⅱ)	1.25	浅蓝	紫红	1.608g 5-硝基邻菲啰啉加 0.695g $FeSO_4$ 溶解,稀释至 100mL（$0.025\text{mol}\cdot L^{-1}$水溶液）

4. 常用缓冲溶液的配制

缓冲溶液组成	pK_a	缓冲液 pH 值	缓冲溶液配制方法
氨基乙酸-HCl	2.35 （pK_{a_1}）	2.3	取氨基乙酸 150g 溶于 500mL 水中后,加浓 HCl 80mL,加水稀释至 1L
H_3PO_4-柠檬酸盐		2.5	取 $Na_2HPO_4\cdot 12H_2O$ 113g 溶于 200mL 水后,加柠檬酸 387g,溶解,过滤后,稀释至 1L
一氯乙酸-NaOH	2.86	2.8	取 200g 一氯乙酸溶于 200mL 水中,加 NaOH 40g,溶解后,稀释至 1L
邻苯二甲酸氢钾-HCl	2.95 （pK_{a_1}）	2.9	取 500g 邻苯二甲酸氢钾溶于 500mL 水中,加浓 HCl 80mL,稀释至 1L
甲酸-NaOH	3.76	3.7	取 95g 甲酸和 NaOH 40g 于 500mL 水中,溶解,稀释至 1L
NaAc-HAc	4.74	4.7	取无水 NaAc 83g 溶于水中,加冰 HAc 60mL,稀释至 1L
六亚甲基四胺-HCl	5.15	5.4	取六亚甲基四胺 40g 溶于 200mL 水中,加浓 HCl 10mL,稀释至 1L
Tris-HCl[三羟甲基氨甲烷 CNH_2（$HOCH_3$）$_3$]	8.21	8.2	取 25g Tris 试剂溶于水中,加浓 HCl 8mL,稀释至 1L
NH_3-NH_4Cl	9.26	9.2	取 NH_4Cl 54g 溶于水中,加浓氨水 63mL,稀释至 1L

注：1. 缓冲液配制后可用 pH 值试纸检查。如 pH 值不对,可用共轭酸或碱调节。pH 值欲调节精确时,可用 pH 计调节。

2. 若需增加或减少缓冲液的缓冲容量时,可相应增加或减少共轭酸碱对物质的量,再调节之。

5. 常用基准物质及其干燥条件与应用

基准物质		干燥后组成	干燥条件 $t/℃$	标定对象
名称	分子式			
碳酸氢钠	$NaHCO_3$	Na_2CO_3	270～300	酸
碳酸钠	$Na_2CO_3\cdot 10H_2O$	Na_2CO_3	270～300	酸

基准物质		干燥后组成	干燥条件 t/℃	标定对象
名称	分子式			
硼砂	$Na_2B_4O_7 \cdot 10H_2O$	$Na_2B_4O_7 \cdot 10H_2O$	放在含 NaCl 和蔗糖饱和溶液的干燥器中	酸
碳酸氢钾	$KHCO_3$	K_2CO_3	270~300	酸
草酸	$H_2C_2O_4 \cdot 2H_2O$	$H_2C_2O_4 \cdot 2H_2O$	室温空气干燥	碱或 $KMnO_4$
邻苯二甲酸氢钾	$KHC_8H_4O_4$	$KHC_8H_4O_4$	110~120	碱
重铬酸钾	$K_2Cr_2O_7$	$K_2Cr_2O_7$	140~150	还原剂
溴酸钾	$KBrO_3$	$KBrO_3$	130	还原剂
碘酸钾	KIO_3	KIO_3	130	还原剂
铜	Cu	Cu	室温干燥器中保存	还原剂
三氧化二砷	As_2O_3	As_2O_3	室温干燥器中保存	氧化剂
草酸钠	$Na_2C_2O_4$	$Na_2C_2O_4$	130	氧化剂
碳酸钙	$CaCO_3$	$CaCO_3$	110	EDTA
锌	Zn	Zn	室温干燥器中保存	EDTA
氧化锌	ZnO	ZnO	900~1000	EDTA
氯化钠	NaCl	NaCl	500~600	$AgNO_3$
氯化钾	KCl	KCl	500~600	$AgNO_3$
硝酸银	$AgNO_3$	$AgNO_3$	280~290	氯化物
氨基磺酸	$HOSO_2NH_2$	$HOSO_2NH_2$	在真空 H_2SO_4 干燥中保存 48h	碱
氟化钠	NaF	NaF	铂坩埚中 500~550℃ 下保存 40~50min 后,H_2SO_4 干燥器中冷却	

6. 常用熔剂和坩埚

熔剂(混合熔剂)名称	所用熔剂量(对试样量而言)	熔融用坩埚材料[①]						熔剂的性质和用途
		铂	铁	镍	磁	石英	银	
Na_2CO_3(无水)	6~8 倍	+	+	+	—	—		碱性熔剂,用于分析酸性矿渣黏土、耐火材料、不溶于酸的残渣、难溶硫酸盐等
$NaHCO_3$	12~14 倍	+	+	+	—	—		碱性熔剂,用于分析酸性矿渣黏土、耐火材料、不溶于酸的残渣、难溶硫酸盐等
Na_2CO_3-KNO_3 (6:0.5)	8~10 倍	+	+	+	—	—		碱性氧化熔剂,用于测定矿石中的总 S、As、Cr、V、分离 V、Cr 等物中的 Ti
$KNaCO_3$-$Na_2B_4O_7$ (3:2)	10~12 倍	+			+	+		碱性氧化熔剂,用于分析铬铁矿、钛铁矿等
Na_2CO_3-MgO(2:1)	10~14 倍	+	+	+	+	+		碱性氧化熔剂,用于分解铁合金、铬铁矿等
Na_2CO_3-ZnO(2:1)	8~10 倍	—	—	+	+	—		碱性氧化熔剂,用于测定矿石中的硫
Na_2O_2	6~8 倍	—	+	+	—	—		碱性氧化熔剂,用于测定矿石和铁合金中的 S、Cr、V、Mn、Si、P、辉钼矿中的 Mo 等
NaOH(KOH)	8~10 倍	—	+	+	—	—	+	碱性熔剂,用于测定锡石中的 Sn、分解硅酸盐等
$KHSO_4$($K_2S_2O_7$)	12~14 (8~12)倍	+	—	—	+	—		酸性熔剂,用于分解硅酸盐、钨矿石、熔融 Ti、Al、Fe、Cu 等的氧化物
Na_2CO_3:粉末结晶硫黄(1:1)	8~12 倍	—	—	—	+	+		碱性硫化熔剂,用于自铅、铜、银等中分离钼、锑、砷、锡;分解有色矿石烘烧后的产品,分离钛和钒等
硼酸酐(熔融、研细)	5~8 倍	+	—	—	—	—		主要用于分解硅酸盐(当测定其中的碱金属时)

① "+"可以进行熔融,"—"不能用于熔融,以免损坏坩埚,近年来采用聚四氟乙烯坩埚,代替铂器皿用于氢氟酸熔样。

7. 弱电解质的解离常数

(一) 弱酸的解离常数

酸	$t/℃$	级	K_a	pK_a
砷酸(H_3AsO_4)	25	1	5.5×10^{-2}	2.26
	25	2	1.7×10^{-7}	6.76
	25	3	5.1×10^{-12}	11.29
亚砷酸(H_3AsO_3)	25		5.1×10^{-10}	9.29
硼酸(H_3BO_3)	20		5.4×10^{-10}	9.27
碳酸(H_2CO_3)	25	1	4.5×10^{-7}	6.35
	25	2	4.7×10^{-11}	10.33
铬酸(H_2CrO_4)	25	1	1.8×10^{-1}	0.74
	25	2	3.2×10^{-7}	6.49
氢氰酸(HCN)	25		6.2×10^{-10}	9.21
氢氟酸(HF)	25		6.3×10^{-4}	3.20
氢硫酸(H_2S)	25	1	8.9×10^{-8}	7.05
	25	2	1×10^{-19}	19
过氧化氢(H_2O_2)	25	1	2.4×10^{-12}	11.62
次溴酸($HBrO$)	20		2.8×10^{-9}	8.55
次氯酸($HClO$)	25		2.95×10^{-8}	7.53
次碘酸(HIO)	25		3×10^{-11}	10.5
碘酸(HIO_3)	25		1.7×10^{-1}	0.78
亚硝酸(HNO_2)	25		5.6×10^{-4}	3.25
高碘酸(HIO_4)	25		2.3×10^{-2}	1.64
正磷酸(H_3PO_4)	25	1	6.9×10^{-3}	2.16
	25	2	6.23×10^{-9}	7.21
	25	3	4.8×10^{-13}	12.32
亚磷酸(H_3PO_3)	25	1	5×10^{-2}	1.3
	20	2	2.0×10^{-7}	6.70
焦磷酸($H_4P_2O_7$)	25	1	1.2×10^{-1}	0.91
	25	2	7.9×10^{-3}	2.10
	25	3	2.0×10^{-7}	6.70
	25	4	4.8×10^{-10}	9.32
硒酸(H_2SeO_4)	25	2	2×10^{-2}	1.7
亚硒酸(H_2SeO_3)	25	1	2.4×10^{-3}	2.62
	25	2	4.8×10^{-9}	8.32
硅酸(H_2SiO_4)	30	1	1×10^{-10}	9.9
	30	2	2×10^{-12}	11.8
硫酸(H_2SO_4)	25	2	1.0×10^{-2}	1.99
亚硫酸(H_2SO_3)	25	1	1.4×10^{-2}	1.85
	25	2	6×10^{-8}	7.2
甲酸($HCOOH$)	20		1.77×10^{-4}	375
醋酸(HAc)	25		1.76×10^{-1}	4.75
草酸($H_2C_2O_4$)	25	1	5.90×10^{-2}	1.23
	25	2	6.40×10^{-5}	4.19

（二）弱碱的电离常数

碱	$T/℃$	级	K_b	pK_b
氨水（$NH_3 \cdot H_2O$）	25		1.79×10^{-5}	4.75
氢氧化铍[$Be(OH)_2$]	25	2	5×10^{-11}	10.30
氢氧化钙[$Ca(OH)_2$]	25	1	3.74×10^{-3}	2.43
	30	2	4.0×10^{-2}	1.4
联氨（NH_2NH_2）	20		1.2×10^{-6}	5.9
羟胺（NH_2OH）	25		8.71×10^{-9}	8.06
氢氧化铅[$Pb(OH)_2$]	25		9.6×10^{-4}	3.02
氢氧化银（$AgOH$）	25		1.1×10^{-4}	3.96
氢氧化锌[$Zn(OH)_2$]	25		9.6×10^{-4}	3.02

参 考 文 献

[1] 武汉大学. 分析化学实验 [M]. 第 5 版. 北京：高等教育出版社，2011.

[2] 赵慧春，申秀民，张永安. 大学基础化学实验 [M]. 北京：北京师范大学出版社，2008.

[3] 谢少艾，方能虎，蔺丽. 综合化学实验 [M]. 上海：上海交通大学出版社，2012.

[4] 霍冀川. 化学综合设计实验 [M]. 北京：化学工业出版社，2008.

[5] 范星河，李国宝. 综合化学实验 [M]. 北京：北京大学出版社，2009.

[6] 周程勇. 化学综合实验 [M]. 北京：中国石化出版社，2011.

[7] 雷群芳. 中级化学实验 [M]. 北京：科学出版社，2005.

[8] 杨秋华，余莉萍. 无机化学与化学分析实验 [M]. 北京：高等教育出版社，2016.

[9] 周惠琳等. 无机化学实验 [M]. 广州：暨南大学出版社，1993.

[10] 熊家林等. 无机精细化学品的制备和应用 [M]. 北京：化学工业出版社，1999.

[11] 苏极. 稀土化学 [M]. 郑州：河南科学技术出版社，1993.

[12] 钱晓蓉，郁桂云. 仪器分析实验教程 [M]. 上海：华东理工大学出版社，2009.

[13] 申秀民主编. 化学综合实验 [M]. 北京：北京师范大学出版社，2007.

[14] 北京师范大学，华中师范大学，南京师范大学无机化学教研室. 无机化学 [M]. 第 4 版. 北京：高等教育出版社，2002.

[15] 钟山. 中级无机化学实验 [M]. 北京：高等教育出版社，2003.

[16] 王伯康主编. 综合化学实验 [M]. 南京：南京大学出版社，2000.

[17] 蔡良珍，虞大红. 大学基础化学实验（Ⅱ）[M]. 第 2 版. 北京：化学工业出版社，2010.

[18] 南京大学《无机及分析化学实验》编写组. 无机及分析化学实验 [M]. 第 4 版. 北京：高等教育出版社，2006.

[19] 徐家宁，门瑞芝，张寒琦. 基础化学实验-无机化学和化学分析实验 [M]. 北京：高等教育出版社，2006.

[20] 章文伟. 综合化学实验（南京大学）[M]. 北京：北京大学出版社，2009.

[21] 四川大学化工学院. 浙江大学化学系编 分析化学实验 [M]. 第 3 版. 北京：高等教育出版社，2003.

[22] 北京师范大学无机化学教研室等编. 无机化学实验 [M]. 第 4 版. 北京：高等教育出版社，2002.

[23] 南京大学大学化学实验教学组编. 大学化学实验 [M]. 北京：高等教育出版社，1996.

[24] 冯尚彩. 综合化学实验 [M]. 济南：山东人民出版社，2012.

[25] 刘吉平，廖莉玲. 无机纳米材料 [M]. 北京：科学出版社，2003.

[26] 棍张志，崔作林. 纳米技术与纳米材料 [M]. 北京：国防工业出版社，2000.

[27] 王世敏，许祖勋，傅晶. 纳米材料制备技术 [M]. 北京：化学工业出版社，2002.

[28] 刘建兰，张东明主编. 物理化学实验 [M]. 北京：化学工业出版，2015.

[29] 唐林，刘红天，温会玲编. 物理化学实验 [M]. 北京：化学工业出版社，2016.

[30] 郑秋容，顾文秀主编. 物理化学实验 [M]. 北京：中国纺织出版社，2010.

[31] 黄震，周子彦，孙典亭主编. 物理化学实验 [M]. 北京：化学工业出版社，2011.

[32] 国家药典委员会编. 中华人民共和国药典（二部）[M]. 北京：化学工业出版社，2005.

[33] 吴志敏，张丽，吴舒红. 酸性大红 G 染色废水的超声波-Fenton 降解 [J]. 印染，2010，35（5）：14-17.

[34] 高锦章，王宇晶，王爱香等. 利用 Fe(0)-EDTA-空气在温和条件下降解模拟染料废水的研究 [J]. 西北师范大学学报（自然科学版），2009，45（2）：54-57.

[35] Dükkanci M，Gündüz G，Yilmaz S，et al. Heterogeneous Fenton-like degradation of Rhodamine 6G in water using CuFeZSM-5 zeolite catalyst prepared by hydrothermal synthesis [J]. Journal of Hazardous Materials，2010，181（1-3）：343-350.

[36] 钱勇兴，陈金媛，许炉生等. 加压溶氧光催化反应器降解活性艳红 X-3B [J]. 环境化学，2010，29（1）：88-91.

[37] 王娟，申婷婷，李小明等. Fe（Ⅱ）EDTA/H_2O_2 电催化降解甲基橙模拟废水的研究 [J]. 环境工程学报，2010，4（4）：833-838.

[38] 陈贤光，邹小勇，梁起等. 茜素红 S 催化动力学光度法测定痕量铜（Ⅱ）及机理探究 [J]. 分析实验室，2006，25（5）：40.

[39] 张红漫，陈国松，冯改霞等. 单项氨基酸微量元素螯合物的研究 [J]. 氨基酸和生物资源，2002，24（4）：46-50.

[40] 张红漫，陈国松，仪明君等. 复合氨基酸铜螯合物的研究 [J]. 氨基酸和生物资源，2002，24（2）：37-40.

[41] 曾仁权，钟国清. 复合氨基酸微量元素螯合物制备新工艺的研究 [J]. 化学研究与应用，1998，10（1）：99-102.

[42] 张兴海，周小红. 火焰原子吸收光谱法测定奶粉中金属元素 [J]. 理化检验（化学分册），2009，45（5）：512-513.

[43] 毕树云，孙艳涛，刘何萍. 奶粉中钙、铁、锌的火焰原子吸收分光光度法研究 [J]. 长春师范学院学报（自然科学版），2009，28（3）：32.

[44] 方正杨. 奶粉中钙、铁、锌的火焰原子吸收分光光度测定法 [J]. 职业与健康，2007，23（10）：807-808.

[45] 周方桥，梁鸿东，陈志雄. 钛酸丁酯-乙酸钡溶胶系统中的化学机制 [J]. 华中科技大学学报（自然科学版），2003，31（2）：33-36.

[46] 曾庆冰，李效东，陆逸. 溶胶-凝胶法基本原理及其在陶瓷材料中的应用 [J]. 高分子材料科学与工程，1998，14（2）：138-143.

[47] 阎鑫，胡小玲，岳红等. 纳米级尖晶石型铁氧体的制备进展 [J]. 材料导报，2002，16（8）：42-44.

[48] 阎鑫，胡小玲，岳红等. 纳米铁酸锌的水热合成 [J]. 化学通报，2002，（9）：623-626.

[49] Jin L M, Qiu Y C, Deng H, et al. Hollow CuFe₂O₄ spheres encapsulated in carbon shells as an anode material for rechargeable lithium-ion batteries [J]. Electrochimica Acta, 2011, 56 (25), 9127-9132.

[50] 陈虎，毕建洪. 2-甲基-2-己醇制备方法的改进 [J]. 合肥师范学院学报，2012，30（6）：74-76.

[51] 李若琦，丁盈红，伍焜贤等. 2-甲基-2-己醇制备实验的改进初探 [J]. 广东药学院学报，2006（4）：476.

[52] 陈昂. 片呐酮及若干精细化学品的新法合成 [J]. 吉化科技，1994（2）：1-5.

[53] 李建萍，邸丽芝，许和. 粉防己中非酚性生物碱的提取与分离 [J]. 中草药，2002（5）：26.

[54] 李行诺，闫海霞，沙娜，华会明，吴立军，果德安. 粉防己生物碱化学成分的分离与鉴定 [J]. 沈阳药科大学学报，2009，26（6）：430-433.

[55] 廖杨，丁亮. 含偶氮苯侧基接枝共聚物的可控合成及其光响应性能研究 [J]. 高分子学报，2015（8）：933-940.

[56] 李甜，赵常礼，何延胜. 含手性碳偶氮苯化合物的合成及其光异构化反应 [J]. 沈阳化工大学学报，2011，25（4）：310-315+325.

[57] 李长恭，何欢欢，尚静艳，吴少伟，王留成. 二硫键桥联双二茂铁芳胺的合成及电化学性质研究 [J]. 化学研究与应用，2013，25（04）：451-456.

[58] 白银娟，南志祥，李珺. 综合化学实验乙酰二茂铁的合成和表征详析 [J]. 大学化学，2016，31（8）：81-85.